建筑工程

质量管理标准化实施图解

中交一公局集团有限公司　组织编写
主编：刘其亮
副主编：唐建勇　张　方

中国建筑工业出版社

图书在版编目（CIP）数据

建筑工程质量管理标准化实施图解/中交一公局集团有限公司组织编写，刘其亮主编. —北京：中国建筑工业出版社，2019.1
ISBN 978-7-112-22926-0

Ⅰ.①建… Ⅱ.①中…②刘… Ⅲ.①建筑工程-工程质量-质量管理-标准化-中国-图解 Ⅳ.①TU712.3-65

中国版本图书馆 CIP 数据核字（2018）第 257413 号

本书内容共分两篇，第一篇是施工质量管理，第二篇是施工质量标准化，第二篇内容又分 7 章，包括地基与基础；主体结构；装饰装修工程；屋面工程；建筑给水排水及供暖；通风与空调；建筑电气。

本书适合于施工现场施工人员、监理人员等使用，也可供相关专业大中专院校师生使用。

责任编辑：张　磊
责任设计：李志立
责任校对：姜小莲

建筑工程质量管理标准化实施图解
中交一公局集团有限公司　组织编写
主编：刘其亮
副主编：唐建勇　张　方
*
中国建筑工业出版社出版、发行（北京海淀三里河路 9 号）
各地新华书店、建筑书店经销
北京科地亚盟排版公司制版
北京京华铭诚工贸有限公司印刷
*
开本：787×1092 毫米　1/16　印张：18¼　字数：451 千字
2019 年 1 月第一版　　2019 年 7 月第二次印刷
定价：**48.00** 元
ISBN 978-7-112-22926-0
（33016）

本书编委会

主　　编： 刘其亮

副 主 编： 唐建勇　张　方

编写人员： 曾　文　李　响　高　锐　曲志敏　张　龙　鲁文明
门贤君　吴紫晨　黄晓彬　刘向军　吴超理　刘　强
金建兵　谢　强　刘继法　雷章亮　周友飞　刘国荣
李会涛　王严明　谢仙凤　张曦达　邓中霞　田大永
高淑琴　李烨含　辛小峰　郭莹莹　孟令慧　段贵民
王展绘　刘　志　孙广滨　李耀隆

前　言

为实现集团公司质量管理流程程序化、现场质量秩序化和施工现场质量操作标准化，促进企业建立高效运转的质量保障体系，夯实“质量就是生命线”原则，发挥“质量就是市场”窗口宣传作用，根据上级主管部门对质量标准化的有关要求，结合我集团公司开展质量标准化的实际情况，参照借鉴其他兄弟单位实施质量标准化的成功经验，组织有关人员制定本图书，以推动集团公司质量管理水平稳步提高。

质量标准化是企业在生产经营和全部管理过程中，树立科学发展、安全发展理念，营造“勤奋、务实、严谨、高效”企业作风下的人本质量氛围，自觉贯彻执行国家、地方及其主管部门的质量生产法律法规、规章规程及标准规范，建立健全本企业的质量生产规章制度、操作规程和技术规范，真正落实质量生产责任，使企业的质量生产工作得到不断加强并持续改进，使企业的本质质量水平不断得到提升，使企业的人、机、环始终处于和谐并保持在最好的安全状态下运行，推进集团公司以质量为核心的标准化、规范化、信息化管理，全面提高集团公司建筑施工安全保障水平。然而，推进安全质量标准化工作，艰巨而复杂，任重而道远，决非一朝一夕的事情，而应建立自我约束、过程控制、行为规范、持续改进的长效机制，方能逐步实现集团公司及施工现场质量生产标准化，不断夯实质量生产基础，杜绝各类生产质量事故，满足广大从业人员安全、文明生产的愿望，为集团公司“大营销”、“大管理”、“大创新”、“大监督”、“大党建”上规模保驾护航。

本图集主要针对房建施工编制而成，兼顾专业施工的共性内容，分为地基与基础、主体结构、建筑装饰与装修、建筑电气和给排水、安装五部分，力求图文并茂、通俗易懂、形象直观，并辅以文字说明、设计图、示意图、实例图、三维图等方式手段，体现了法律法规、标准规范的有关规定，明确了质量管理的基本要求，给出了施工现场质量标准化的参考做法，具有较强的实用性、指导性、标杆性与操作性。

本图集适用于所有从事建筑施工的分/子公司（含直属项目部），专业公司比照实施。其所属全部施工现场除满足当地主管部门的特殊要求外，应结合工程项目实际，因地制宜比照本图集进行质量施工策划、现场总平面布置、施工生产组织等相关工作的实施，切实推进现场质量标准化水平，真正统一现场质量管理模式。本图集与更新后的国家及地方法律法规、标准规范等发生冲突之处，应以国家及地方法律法规、标准规范为准。

目　录

第一篇　施工质量管理

第一章　编制依据 …… 1

第二章　编制大纲 …… 2

2.1　质量计划 …… 2

2.2　质量控制 …… 2

2.3　质量检查与处置 …… 4

2.4　质量改进与创优 …… 5

第二篇　施工质量标准化

第一章　地基与基础 …… 7

1.1　地基 …… 7

1.2　基础 …… 12

1.3　基坑支护 …… 16

1.4　地下水控制 …… 22

1.5　土方 …… 24

1.6　地下防水 …… 26

第二章　主体结构 …… 28

2.1　钢筋工程 …… 28

2.2　模板工程 …… 42

2.3　混凝土工程 …… 73

2.4　装配式结构 …… 82

2.5　钢结构工程 …… 92

2.6　砌体结构 …… 104

第三章　装饰装修工程 …… 120

3.1　楼地面工程 …… 120

3.2　抹灰工程 …… 130

3.3　涂饰工程 …… 136

3.4　饰面砖工程 …… 138

3.5　吊顶工程 …… 141

3.6　门窗工程 …… 147

3.7　室内防水工程 …… 160

3.8　轻质隔墙工程 …… 164

3.9　幕墙工程 …… 172

3.10 外墙工程 …… 179
3.11 建筑细部构造 …… 185
第四章 屋面工程 …… 191
4.1 基层处理 …… 191
4.2 找坡层和找平层施工 …… 191
4.3 保温层施工 …… 194
4.4 隔热层施工 …… 195
4.5 卷材防水层施工 …… 197
4.6 涂膜防水层施工 …… 202
4.7 防水层淋水、蓄水试验 …… 203
4.8 保护层施工 …… 204
4.9 瓦屋面施工 …… 206
4.10 细部工程做法 …… 209
第五章 建筑给水排水及供暖 …… 212
5.1 管道预留预埋 …… 212
5.2 支架制做与安装 …… 215
5.3 管道安装 …… 221
5.4 卫生器具安装 …… 232
5.5 消防器材安装 …… 235
5.6 设备安装 …… 237
第六章 通风与空调 …… 242
6.1 风管制作与安装 …… 242
6.2 风口风阀安装 …… 247
6.3 设备安装 …… 250
6.4 机械设施安装 …… 252
6.5 防腐保温 …… 254
第七章 建筑电气 …… 258
7.1 电气预留预埋 …… 258
7.2 支架制作与安装 …… 263
7.3 电气配管安装 …… 263
7.4 开关插座安装 …… 268
7.5 桥架、母线安装 …… 269
7.6 配电箱、柜安装及配线敷设 …… 272
7.7 灯具安装 …… 277
7.8 防雷接地 …… 278

第一篇 施工质量管理

第一章 编制依据

1.《建筑工程施工质量验收统一标准》GB 50300—2013
2.《建设工程项目管理规范》GB/T 50326—2017
3.《建设项目工程总承包管理规范》GB/T 50358—2017
4.《建筑地基基础工程施工质量验收规范》GB 50202—2018
5.《砌体结构工程施工质量验收规范》GB 50203—2011
6.《混凝土结构工程施工质量验收规范》GB 50204—2015
7.《钢结构工程施工质量验收规范》GB 50205—2001
8.《屋面工程质量验收规范》GB 50207—2012
9.《地下防水工程质量验收规范》GB 50208—2011
10.《建筑地面工程施工质量验收规范》GB 50209—2010
11.《建筑装饰装修工程质量验收标准》GB 50210—2018
12.《建筑给水排水及采暖工程施工质量验收规范》GB 50242—2002
13.《通风与空调工程施工质量验收规范》GB 50243—2016
14.《建筑电气工程施工质量验收规范》GB 50303—2015
15.《智能建筑工程质量验收规范》GB 50339—2013
16.《建筑节能工程施工质量验收规范》GB 50411—2007
17.《电梯工程施工质量验收规范》GB 50310—2002
18.《装配式混凝土建筑技术标准》GB/T 51231—2016

第二章　编 制 大 纲

2.1　质 量 计 划

2.1.1　质量计划的编制原则

1. 项目质量计划应由项目经理主持编制，经公司管理层批准后实施。

2. 质量计划应体现从工序、分项工程、分部工程到单位工程的过程控制，且应体现从资源投入到完成工程质量最终检验试验的全过程控制。

3. 质量计划应成为对外质量保证和对内质量控制的依据。

2.1.2　质量计划的内容

1. 质量目标和质量要求；

2. 质量管理体系和管理职责；

3. 质量管理与协调的程序；

4. 法律法规和标准规范；

5. 质量控制点的设置与管理；

6. 项目生产要素的质量控制；

7. 实施质量目标和质量要求所采取的措施；

8. 项目质量文件管理。

2.2　质 量 控 制

1. 项目管理层对施工过程进行合理的资源配备，以保证满足施工过程中质量控制的要求。

2. 项目经理部应对施工过程质量进行控制。包括：

（1）正确使用施工图纸、设计文件、验收标准及适用的施工工艺标准、作业指导书。对施工过程实施样板引路；

（2）调配符合规定的操作人员；

（3）按规定配备、使用建筑材料、构配件和设备、施工机具、检测设备；

（4）按规定施工并及时检查、监测；

（5）根据现场管理有关规定对施工作业环境进行控制；

（6）根据有关要求采用新材料、新工艺、新技术、新设备，并进行相应的策划和控制；

（7）合理安排施工进度；

（8）采取半成品、成品保护措施并监督实施；

（9）对不稳定和能力不足的施工过程、突发事件实施监控。

3. 工程施工前进行技术交底，技术交底应按不同层次、不同要求有针对性地进行，交底内容要包括质量、安全、环保等内容，交底记录要妥善保管。

4. 项目施工过程严格执行“三检”制度，即“自检、互检、专检”，做到施工技术员与质检工程师独立工作。

(1) 自检：指现场施工操作者完成本工序后由工班长按图纸、工艺标准要求进行检查。

(2) 互检：指各工班长对当天的实际量进行自检，达到优良标准后，再由各班组互检。凡班组每一工序完成后，由班组自检，对处进行返工，自检合格后，方可进行下工序施工。

(3) 专检：指项目质检工程师的检查，检查合格后通知驻地监理检查验收。

5. 发生下列情况之一时，在驻地监理检验之前，质检工程师、现场技术员都有行使纠正、停工、返工等质量否决权。

(1) 不按图纸施工，变更设计未经审批的工程。

(2) 不按批准的施工工艺和操作规程作业。

(3) 工程原材料、半成品、成品未经检验或不符合规范图纸要求。

(4) 未经检查的工序交接和施工质量不合格。

(5) 隐蔽工程未经检查签认。

(6) 临时工程未经检查签认。

6. 项目每月进行一次全面质量检查，由项目经理部组织有关人员及各分部分项工程负责人、技术负责人对全线工程质量进行检查，检查中应以工程的实测、实量数据为主要依据，并注意相关照片的收集。检查后应以经理部名义发文通报检查情况，通报要突出发现问题及拟采取的措施，奖优罚劣，并将通报反馈给受检部门、工区，对发现问题及时进行整改，并进行复查，明确是否解决，形成闭合。项目每月质量检查的通报下月5日前报其上级单位。

7. 质量控制点的控制

(1) 质量控制点确定后，项目应针对当时的环境及工期要求进行分析、研讨，确定合适的施工方法，人、机、料、环境等配备要求，确定人员在过程控制中的职责，确保各项技术要求和施工质量满足规定。

(2) 施工前进行技术交底，交底内容要全面，且要交到操作层，使作业班组准确理解施工方法、操作工艺、质量要求等内容。

(3) 在施工过程中，对控制点定期采样检查或连续监控，在控制中可选用合适的统计技术，对收集的数据进行分析，发现异常情况时应及时处理。

(4) 特殊工种的施工作业人员必须持证上岗。

(5) 项目必须对操作班组进行施工过程监督检查，确保操作层正确理解、准确执行作业指导书，发现问题及时纠正，保证过程控制达到预期要求。

8. 分包工程质量控制

(1) 必须依法进行工程分包。

(2) 分包工程质量控制，项目部均按所含分部分项工程进行全过程质量控制。

(3) 分包单位应具有相应的资质等级，有类似工程施工经验。必须建立健全质量保证体系，配备类似工程经验的管理、技术、质检、操作人员，按合同要求配备工程所需机械设备。

(4) 分包单位必须接受项目经理部的管理，按项目经理部批准的施工方案、施工工艺、质量标准、安全措施等进行施工，不得擅自修改。

（5）在施工前进行对分包单位有关人员进行技术交底，审核、批准分包方编制的施工方案和作业指导书。

（6）项目部派专职质检人员负责分包工程的质量管理，质检人员对分包工程有奖罚权和一票否决权。

（7）分包单位应按“三检制”要求对每道工序进行自验，检验合格后报项目质检人员检查，经质检人员检验合格后，由项目部质检工程师报监理验收。

（8）分包单位不得越过项目经理部直接与业主或监理进行与工程施工有关的问题交涉，所有问题的处理必须通过项目经理部解决。

（9）项目经理部将分包单位视为内部施工队进行管理，帮其协调与各方的关系，指导分包单位顺利完成分包工程的施工任务，并对分包工程进行定期、不定期的检查。

（10）分包单位应随时接受项目经理部及监理的各种检查，对检查中发现的问题，分包单位应提出书面整改措施，经项目总工程师认可后实施。

（11）分包工程结束后应按规定做好对分包工程的质量检查和验收工作。

（12）分包单位对分包工程质量依法承担相应的责任。

9. 如果发生质量事故，应按照《公司工程施工质量监督管理办法》的要求，对质量事故进行调查分析，并按要求及时上报。

10. 在施工过程中对照优质工程评审办法，收集各种有关资料，为申报各级优质工程做好充分准备。

11. 对 QC 活动情况进行总结，撰写 QC 成果。

12. 项目在施工过程中应加强质量信息的管理，及时上报各种质量资料。

（1）每年年初报质量目标实施计划；

（2）每月报工程质量月报；

（3）工程质量事故（或质量问题）报告；

（4）业主联合检查的信息；

（5）工程交、竣工验收结论；

（6）优质工程获奖证书。

2.3　质量检查与处置

2.3.1　工程质量检查

1. 公司对在建施工项目按照一定的频率每半年进行一次质量抽查，抽查结果在公司内通报。

2. 各单位对所有在建项目每年至少检查一次，重点工程至少两次，检查结果及时报公司质量管理部门。

3. 工程质量检（抽）查包括以下内容：

（1）工程质量目标的制定、分解落实和考核评价情况；

（2）工程质量管理体系建立及运行情况；分部分项工程质量管理及控制情况；工程实体质量情况；

（3）岗位人员能力、培训等情况；

（4）质量问题、事故预防、报告、处理情况；

(5) 技术交底情况;

(6) 施工测量、试验、检测情况;

(7) 隐蔽工程及工序间交接验收情况;

(8) 工程资料的整理、归档情况。

4. 对检查中发现的各类质量隐患,项目经理部必须及时制定整改方案,限期落实,并报送整改情况。

2.3.2 工程质量事故

1. 工程质量事故的定义、分级标准以国家相关行业主管部委规定为准。

2. 事故发生后,必须按建质〔2010〕111号《关于做好房屋建筑和市政基础设施工程质量事故报告和调查处理工作的通知》的相关规定及时报告。

3. 重大工程质量事故发生后,必须在2h内报公司质量管理部门,24h内提交工程质量事故快报,一个月内提交工程质量事故书面报告。

4. 工程质量事故书面报告内容

(1) 工程项目名称、地点、项目负责人、设计、施工、监理单位名称;

(2) 事故发生的时间及简要经过、造成工程损伤状况、伤亡人数和直接经济损失的初步估计;

(3) 事故发生原因的初步分析判断;

(4) 事故发生后采取的措施及事故控制情况;

(5) 事故报告单位。

5. 重大事故发生后,事故发生单位应采取积极、有效措施抢救人员和财产,防止事故扩大,同时应采取相应措施严格保护事故现场。

6. 在处理工程质量事故时,必须坚持"事故原因没查清不放过、责任人员没受到处理不放过、整改措施没落实不放过、有关人员没受到教育不放过"的"四不放过"原则。

7. 工程质量事故处理结果应在一个月内报公司质量管理部门。

8. 工程质量事故发生后,事故单位隐瞒不报、谎报、故意拖延报告期限的,故意破坏现场的,阻碍调查工作正常进行的,拒绝提供事故相关情况、资料的,提供伪证的,一经查实,按有关规定给予处理。构成犯罪的,由司法机关依法追究其刑事责任。

9. 各单位应根据工程特点,编制工程质量事故预防、报告及处理细则,防止因工程质量事故引发安全生产事故。

2.4 质量改进与创优

2.4.1 质量改进

1. 公司各下属单位应根据各项目部的信息,评价采取改进措施的需求,实施必要的改进措施。当经过验证效果不佳或未完全达到预期的效果时,应重新分析原因,采取相应措施。

2. 项目部应定期对项目质量状况进行检查、分析,向所属单位提出治理报告,明确质量状况、发包人及其他相关方满意程度、质量标准的符合性以及项目部的质量改进措施。

3. 公司各下属单位应对项目管理机构进行培训、检查、考核,定期进行内部审核,确保项目部的质量改进。

4. 公司各下属单位应了解发包人及其他相关方对质量的意见，确定质量管理改进目标，提出相应措施并予以落实。

2.4.2　质量创优

1. 优质工程分三级：国家级、省部级、公司级。

国家级优质工程包括：国家优质工程金质奖、银质奖，中国土木工程詹天佑奖，中国建筑工程鲁班奖等国家级评审组织评出的优质工程。

省部级优质工程包括：省部级政府部门、中国交建、全国性行业协会等组织评审的优质工程。

公司级优质工程是由中交第一公路工程局有限公司优质工程评审委员会评出的优质工程。还包括省部级以下组织评审的优质工程。

2. 奖励

项目创优获得的奖励参照公司技术质量部的相关制度执行。

第二篇
施工质量标准化

第一章　地基与基础

1.1　地　　基

1.1.1　灰土地基

1. 灰土配合比一般采用体积比为 3∶7 或 2∶8，最优含水量一般为 14%～18%，以“手握成团、落地开花”为宜。使用前应过筛，土料粒径不大于 15mm，白灰粒径不大于 5mm。见图 1.1.1-1。

图 1.1.1-1　灰土

2. 夯打（压）一般不少于 3 遍，用蛙式打夯机夯打灰土时，要求是后行压前行的半行，循序渐进。见图 1.1.1-2。

3. 须分段施工的灰土地基，留槎位置应避开墙角、柱基及承重的窗间墙位置，上下两层的灰缝接缝间距不得小于 500mm，接缝处的灰土应充分夯实。

4. 灰土回填每层厚度不大于 300mm，夯实后，应进行环刀取土，压实标准一般取 0.95。见图 1.1.1-3。

1.1.2　砂和砂石地基

1. 级配砂石料含泥量≤5%，砂石料含泥量≤5%，石料粒径小于等于 50mm。见图 1.1.2-1。

图 1.1.1-2　蛙式打夯

图 1.1.1-3　环刀取样

图 1.1.2-1　级配砂石

2. 铺筑砂石的每层厚度，一般为 15～200mm，不宜超过 300mm，分层厚度可用样桩控制。视不同条件，可选用夯实或压实的方法。大面积的砂石垫层，铺筑厚度可达 350mm，宜采用 6～10t 的压路机碾压。

3. 用木夯或蛙式打夯机时，应保持落距为400～500mm，要一夯压半夯，行行相接，全面夯实，一般不少于3遍。采用压路机往复碾压，一般碾压不少于4遍，其轮距搭接不小于500mm，边缘和转角处应用人工或蛙式打夯机补夯密实。见图1.1.2-2。

图1.1.2-2 压路机压实

4. 砂石回填每层夯实后，应进行灌砂法取样。见图1.1.2-3。

图1.1.2-3 灌砂法

5. 砂石回填后，应做承载力试验。见图1.1.2-4。

1.1.3 CFG桩

1. 应用钻机塔身前后左右的垂直标杆检查塔身导杆，校正位置，使钻机垂直对准桩位中心。见图1.1.3-1。

2. 钻进时应先慢后快，直至钻进设计标高，钻杆上应做好钻进长度标记，记录钻进深度。见图1.1.3-2。

3. 混合料使用集中拌合站集中供料，搅拌车运送至现场；混合料采用地泵泵送；混合料的泵送量应结合试桩的数量计算确定。严禁先提管后泵料，钻杆应先静止后提管，提拔速度一般控制在每分钟2～3m。见图1.1.3-3。

4. 施工桩顶高程高出设计桩顶不少于0.5m。见图1.1.3-4。

图 1.1.2-4　承载力试验

图 1.1.3-1　钻机就位

图 1.1.3-2　钻进长度标记

5. 通过测量挂线，确定每根桩的设计桩顶标高，用红油漆标示。

6. 为检验复合地基及单桩承载力特征值是否满足设计要求，桩身完整性是否满足规范要求，按设计要求做承载力试验。见图 1.1.3-5、见图 1.1.3-6。

图 1.1.3-3 地泵泵送混合料

图 1.1.3-4 灌注桩桩顶高出设计标高

图 1.1.3-5 切除桩头

图 1.1.3-6　切除完的桩头

1.2　基　　础

1.2.1　混凝土预制桩

1. 施工前要打设计试桩，打桩时使桩尖垂直对准桩位中心，缓缓放下插入土中，位置要准确，打桩顺序应为从中间往两边打桩或者从一头往另一头打桩，防止产生挤土效应。见图 1.2.1-1。

图 1.2.1-1　起吊预制桩

2. 在桩长不够的情况下，采用焊接、法兰连接或机械快速连接（螺纹式、啮合式）进行接桩。

（1）焊接法

接桩一般在距地面 1m 左右进行，将上节桩用桩架吊起，对准下节桩头，用仪器校正垂直度，焊接时应先将四角焊接固定，然后对称焊，并确保焊缝质量和设计尺寸。见图 1.2.1-2。

（2）法兰螺栓连接法

制桩时，用低碳钢制成的法兰盘与混凝土整浇在一起，接桩时，上下节之间用沥青纸

图 1.2.1-2 焊接法接桩

或石棉板衬垫，垂直度检查无误后，在法兰盘的钢板中穿入螺栓，并对称地将螺帽逐渐拧紧。锤击数次后再拧紧螺帽，并用点焊焊固螺帽。法兰盘和螺栓外露部分涂上防锈油漆或防锈沥青胶泥，即可继续沉桩。见图 1.2.1-3。

图 1.2.1-3 法兰螺栓连接

（3）机械快速连接（螺纹式）

安装前应检查桩两端制作的尺寸偏差及连接件，无受损后方可起吊施工，其下节桩端宜高出地面 0.8m；接桩时，卸下上下节桩两端的保护装置后，应清理接头残物，涂上润滑脂；应采用专用接头锥度对中，对准上下节桩进行旋紧连接；可采用专用链条式扳手进行旋紧，（臂长 1m 卡紧后人工旋紧再用铁锤敲击板臂，）锁紧后两端板尚应有 1～2mm 的间隙。

（4）机械快速连接（啮合式）

将上下接头钣清理干净，用扳手将已涂抹沥青涂料的连接销逐根旋入上节桩Ⅰ型端头钣的螺栓孔内，并用钢模板调整好连接销的方位；剔除下节桩Ⅱ型端头钣连接槽内泡沫塑料保护块，在连接槽内注入沥青涂料，并在端头钣面周边抹上宽度 20mm、厚度 3mm 的沥青涂料；当地基土、地下水含中等以上腐蚀介质时，桩端钣板面应满涂沥青涂料；将上节桩吊起，使连接销与Ⅱ型端头钣上各连接口对准，随即将连接销插入连接槽内；加压使上下节桩的桩头钣接触，接桩完成。见图 1.2.1-4。

图 1.2.1-4 机械快速连接（啮合式）

3. 预制桩施工完成后要做静载试验，大应变，小应变检测。

1.2.2 混凝土灌注桩

1. 钢护筒平面位置与垂直度应准确，周围和护筒底脚应紧密，不透水。见图 1.2.2-1。

图 1.2.2-1 护筒

2. 钻进时要轻压慢转，放斗要稳，提斗要慢，保证钻斗对准桩位，预防孔斜和桩位偏差。见图 1.2.2-2。

3. 起吊钢筋笼采用扁担起吊法，起吊点在上部箍筋与主筋连接处，且吊点对称。钢筋笼设置 4～6 个起吊点，以保证钢筋笼在起吊时不变形。见图 1.2.2-3。

4. 在下放过程中，吊放钢筋笼入孔时应对准孔位，保持垂直、轻放、慢放入孔，入孔后，不得左右旋转。见图 1.2.2-4。

图 1.2.2-2　护筒

图 1.2.2-3　起吊钢筋笼

图 1.2.2-4　钢筋笼放置完成

5. 水下灌注混凝土采用商品混凝土。水下混凝土要求 2h 内析出水分不大于混凝土体积的 1.5%，要求混凝土的初凝时间不得低于 3h。见图 1.2.2-5。

图 1.2.2-5　灌注桩成型

6. 灌注桩完成后做承载力试验。

1.3 基坑支护

1.3.1 排桩支护

1. 开挖前在基坑周围设置混凝土灌注桩，桩的排列有间隔式、双排式和连续式，桩顶设置混凝土连系梁或锚桩、拉杆。见图 1.3.1-1。

图 1.3.1-1　悬壁桩的间隔式排桩支护

2. 直径 0.6～1.1m 的钻孔灌注桩可用于深 7～13m 的基坑支护，直径 0.5～0.8m 的沉管灌注桩可用于深度在 10m 以内的基坑支护，单层地下室常用 0.8～1.2m 的人工挖孔灌注桩作支护结构。见图 1.3.1-2。

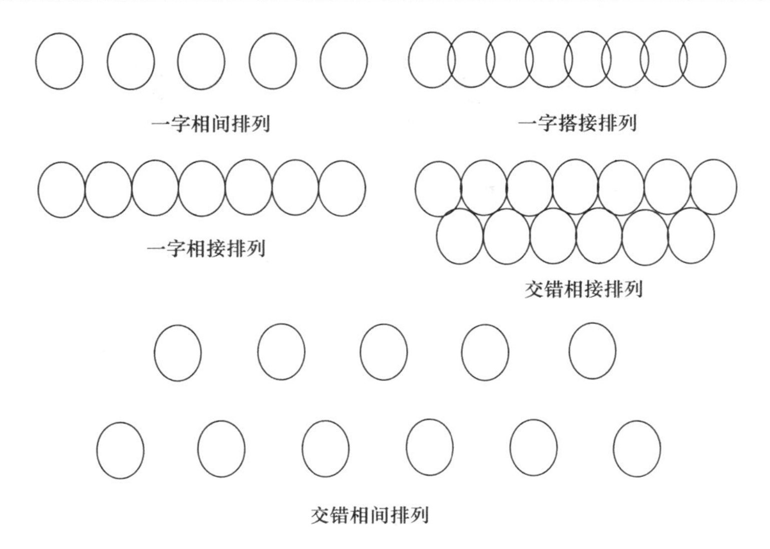

图 1.3.1-2 钢筋混凝土灌注桩的排列方式

1.3.2 土钉墙

1. 土钉支护应自上而下分段分层进行，分层深度视土层情况而定，工作面宽度不宜<6m，纵向长度不宜<10m。

2. 为防止土体松弛和崩解，须尽快做第一层喷射混凝土，厚度不宜<40～50mm。喷射混凝土水泥用量不小于400kg/m³。

3. 土钉成孔直径70～120mm、向下倾角15°～20°，成孔方法和工艺由承包商根据土层条件、设备和经验而定。见图1.3.2-1。

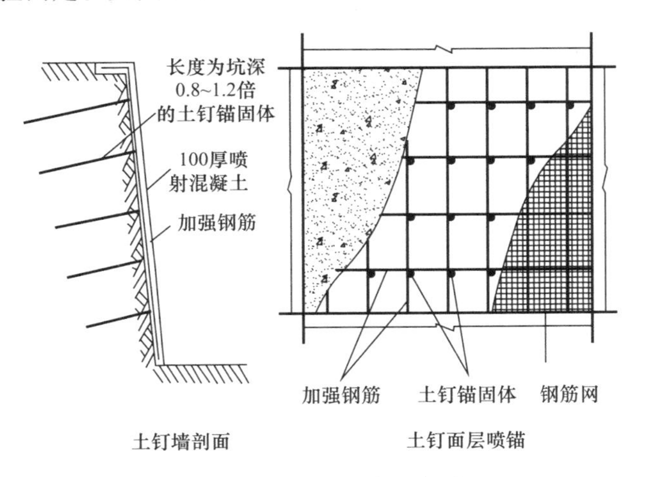

图 1.3.2-1 土钉墙示意图

4. 土钉有单杆和多杆之分，单杆多为ϕ22～32mm的粗螺纹钢筋，多杆一般为2～4根ϕ16mm钢筋。采用灰浆泵注浆，土钉注浆可不加压。见图1.3.2-2。

5. 钢筋网通常用直径ϕ6～10、间距200～300mm，与土钉连接牢固。设置双层钢筋网时，第二层钢筋网应在第一层钢筋网被覆盖后铺设。混凝土面板厚度50～100mm。见图1.3.2-3。

图 1.3.2-2 安设土钉注浆

图 1.3.2-3 喷射混凝土面板

1.3.3 锚杆支护

见图 1.3.3-1。

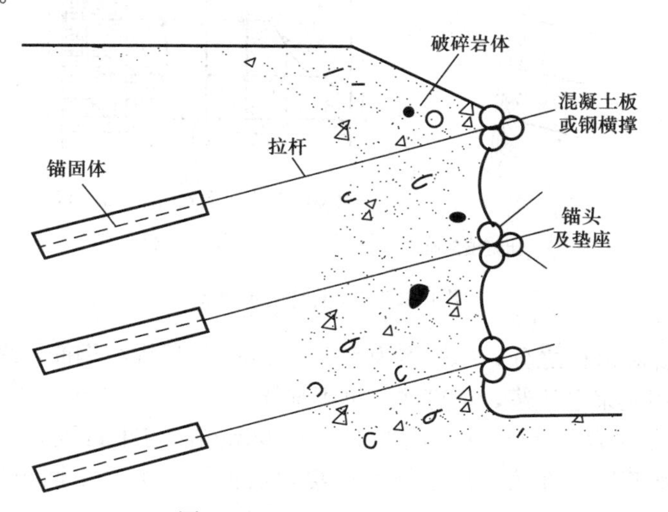

图 1.3.3-1 锚杆支护示意图

1. 造孔用冲击式钻机、旋转式钻机或旋转式冲击钻机，偏心钻机跟进护壁套管方式钻进，造孔需干钻，严禁水钻；考虑沉渣厚度，孔底应超钻 30～50mm；成孔后高压风清洗孔壁，以保证砂浆与孔壁的粘结力。见图 1.3.3-2、图 1.3.3-3。

图 1.3.3-2　冲击式钻机钻孔

图 1.3.3-3　旋转式钻机钻孔

2. 锚索预留长度为 1～1.5m，锚固段间隔 1～2m 设置隔离架和紧箍环，中心布置灌浆管。见图 1.3.3-3。

3. 基坑锚杆常采用埋管式灌浆的一次灌浆法，即由孔底向上有压一次性灌浆，压力 0.6～0.8MPa，砂浆至孔口溢满为止，注浆管不拔出；当土体松散或岩石破碎易发生漏浆时采用二次灌浆法。见图 1.3.3-4。

4. 张拉伸长率不超过±6%或设计值。见图 1.3.3-5。

1.3.4　地下连续墙支护

1. 先建造钢筋混凝土地下连续墙，达到强度后在地下连续墙间用机械挖土。该支护

图 1.3.3-4 锚索

图 1.3.3-5 注浆

图 1.3.3-6 张拉

法刚度大、强度高，可挡土、承重、截水、抗渗，可在狭窄场地施工，适于大面积、有地下水的深基坑施工。

1.3.5　挡土墙＋内支撑

1. 当基坑深度较大，悬臂式挡墙的强度和变形无法满足要求、坑外锚拉可靠性低时，则可在坑内采用内撑支护。它适用于各种地基土层，缺点是内支撑会占用一定的施工空间。常用有钢管内撑支护和钢筋混凝土构架内撑支护。见图 1.3.5-1。

图 1.3.5-1　内支撑

2. 钢管内支撑一般使用 ϕ609 钢管，用不同壁厚适应不同的荷载。钢管支撑的形式为对撑或角撑，对撑的间距较大时，可设置腹杆形成桁架式支撑。见图 1.3.5-2。

图 1.3.5-2　钢管内支撑

3. 钢筋混凝土内支撑刚度大、变形小，能有效控制挡墙和周围地面的变形。它可随挖土逐层就地现浇，形式可随基坑形状而变化，适用于周围环境要求较高的深基坑。见图 1.3.5-3。

图 1.3.5-3　钢筋混凝土内支撑

4. 平面尺寸大的内支撑应在交点处设置立柱，立柱宜为格构式柱，以免影响底板穿筋，立柱下端插入工程桩内不小于 2m，否则应设置专用的桩基础。见图 1.3.5-4。

图 1.3.5-4　格构式立柱

1.4　地下水控制

1.4.1　降水与排水

1. 明沟加集水坑排水：在基坑的一侧或四周设置排水明沟，在四角或每隔 20～30m 设一集水井，排水沟比开挖面低 0.4～0.5m，纵坡宜控制在 1%～2%，集水井比排水沟低 0.5～1m，在集水井内设水泵将水抽出基坑。见图 1.4.1-1。

2. 轻型井点降水：井管（点）垂直度允许偏差 1%，间距（与原设计相比）允许偏差≤150mm，插入深度（与原设计相比）≤200mm。见图 1.4.1-2、图 1.4.1-3。

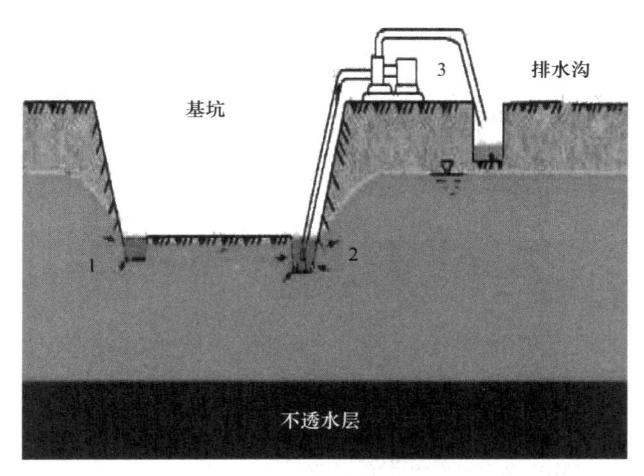

图 1.4.1-1 明沟加集水坑降水

1—排水沟；2—集水井；3—水泵

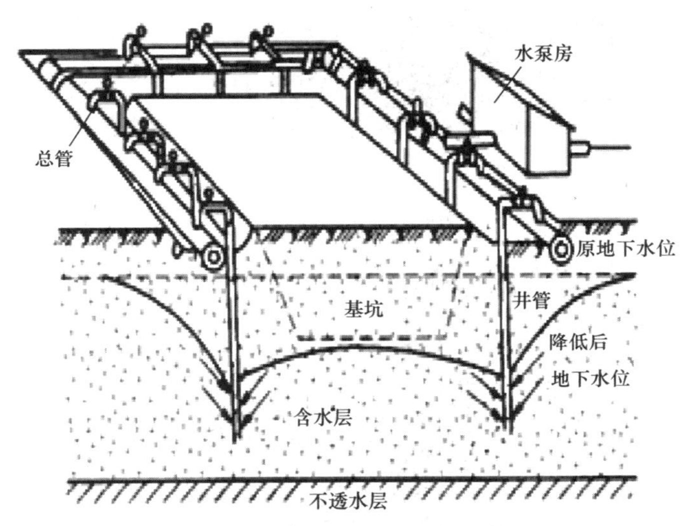

图 1.4.1-2 轻型井点降水示意图

图 1.4.1-3 轻型井点降水

1.5 土　　方

1.5.1 土方开挖

1. 开挖施工严格按照方案及支护设计，遵循分层开挖、先支后挖的原则。开挖时注意土坡面修整。见图 1.5.1-1。

图 1.5.1-1　先支后挖、分层开挖

2. 当挖至距基础底板标高 20～300mm 时，改用人工清平，严禁超挖。见图 1.5.1-2。

图 1.5.1-2　人工清底

3. 开挖支护完成后，在基坑内四周设排水沟如排水沟影响脚手架搭设可改为盲沟。

1.5.2 土方回填

1. 注意回填土料应保证填方的强度和稳定性。不能选用淤泥和淤泥质土、膨胀土、有机物含量大的土、含水溶性硫酸盐大的土及含水量不符合压实要求的黏性土。

2. 基底处理

（1）土方填筑前应先清除基底上垃圾杂物，并应将基底充分夯实和碾压密实；

（2）应采取措施防止地表水流入填方区。

3. 土方填筑

(1) 填筑前回填土原材料送检，合格后开始施工；

(2) 应从最低处开始，由下向上整个宽度分层铺填碾压或夯实；

(3) 填方应分层进行并尽量采用同类土填筑；

(4) 填方的边坡坡度应根据填方高度、土的种类和其重要性等确定；

(5) 应在相对两侧或四周同时进行回填与夯实。

4. 填土的压实

(1) 当天填土，应在当天压实；

(2) 填土压实质量应符合设计和规范规定的要求；

(3) 回填完成后环刀取土。

5. 填土施工时的分层厚度及压实遍数，如图 1.5.2-1～图 1.5.2-3。

压实机具	分层厚度（mm）	每层压实遍数
平碾	250～300	6～8
振动压实机	250～350	3～4
柴油打夯机	200～250	3～4
人工打夯	<200	3～4

图 1.5.2-1　分层厚度及压实遍数

图 1.5.2-2　土方回填

图 1.5.2-3　夯实

1.6　地下防水

1.6.1　防水混凝土

1. 防水混凝土结构表面的裂缝宽度不应大于 0.2mm。

2. 防水混凝土结构厚度不应小于 250mm，其允许偏差为＋8、－5mm，主体结构迎水面钢筋保护层厚度不应小于 50mm，允许偏差为±5mm。

1.6.2　防水卷材

1. 材料进场后检查合格证，抽样送检复试合格后方可使用，铺贴双层卷材时，上下两层和相邻两幅卷材的接缝应错开 1/3～1/2 幅宽，且两层卷材不得相互垂直铺贴。

2. 粘贴后随即用胶辊用力向前、向外侧滚压，排出空气，使卷材牢固粘贴在防水卷材上，搭接边要特别注意滚压粘结严密。见图 1.6.2-1。

图 1.6.2-1　防水卷材搭接

3. 基层阴阳角应做成圆弧或 45°角，其尺寸应根据卷材品种确定。在转角处、变形缝、施工缝、穿墙管等部位应铺贴卷材附加层，附加层宽度不小于 500mm。见图 1.6.2-2、图 1.6.2-3。

图 1.6.2-2　阴阳角附加层

图 1.6.2-3 穿板管道处理

1.6.3 止水钢板

施工缝一般采用钢板止水带，钢板的凹面应朝向迎水面，转角处止水钢板应做成 45°角，止水钢板居中布置。见图 1.6.3-1。

图 1.6.3-1 止水钢板

第二章　主体结构

2.1　钢筋工程

2.1.1　钢筋原材质量控制

1. 原材进场后，由项目物设部通知工长、工长组织质量部对钢筋的型号、规格、外观进行质量验收，检查出厂合格证、检测报告、钢筋标识牌、钢筋上的标识，钢筋外观质量。所标注的供应商名称、牌号、炉号（批号）、型号、规格、重量等应保持一致。见图 2.1.1-1、图 2.1.1-2。

图 2.1.1-1　铭牌完整数据有效

图 2.1.1-2　外观良好无锈蚀

(1) 热轧光圆钢筋

① 直径允许偏差和不圆度（表 2.1.1-1）

直径允许偏差和不圆度 **表 2.1.1-1**

<table>
<tr><th>公称直径（mm）</th><th>允许偏差（mm）</th><th>不圆度（mm）</th></tr>
<tr><td>6～12</td><td>±0.3</td><td rowspan="2">≤0.4</td></tr>
<tr><td>14 以上</td><td>±0.4</td></tr>
</table>

② 长度允许偏差：按定尺长度交货的直条钢筋其长度允许偏差范围为 0～+50mm。

③ 重量及允许偏差（表 2.1.1-2）

重量允许偏差 **表 2.1.1-2**

公称直径（mm）	实际重量与理论重量的偏差（%）
6～12	±7
14～22	±5

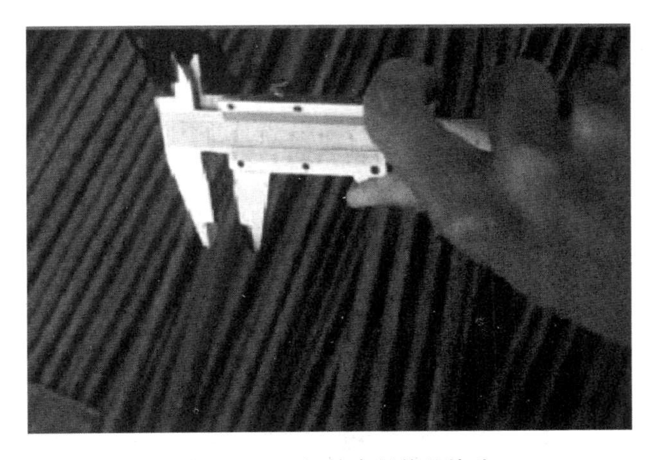

图 2.1.1-3 钢筋直径偏差检验

图 2.1.1-4 钢筋重量偏差检验

④ 盘重：按盘卷交货的钢筋，每根盘条重量应≥500kg，每盘重量应≥1000kg。

（2）热轧带肋钢筋

① 长度及允许偏差：钢筋按定尺交货时的长度允许偏差为±25mm。

② 重量及允许偏差（表 2.1.1-3）

重量及允许偏差　　**表 2.1.1-3**

公称直径（mm）	实际重量与理论重量的偏差（%）
6～12	±7
14～20	±5
22～50	±4

2. 钢筋进场后，必须在 24h 内完成报验、见证取样、见证送检，送检结果未出来前不得使用，原材料就地封存处理。

3. 钢筋保管存放

（1）堆放场地用 C15 素混凝土或碎石硬化，并有排水坡度。

（2）按级别、品种、直径、厂家分垛码放，并摆放标识牌，注明产地、规格、品种、数量、复试报告单号、质量检验状态。

（3）下设桩基础或混凝土基础架空，并采用型钢将不同型号钢筋隔档，架空高度不应低于 300mm。见图 2.1.1-5。

图 2.1.1-5　钢筋分类码放

2.1.2　钢筋加工质量控制

1. 钢筋的切断

采用切断机进行切断加工，连接接头应切平，不得有马蹄形或斜面等现象。见图 2.1.2-1、图 2.1.2-2。

2. Ⅰ级钢筋末端需做 180°弯钩，弯曲直径 D 取钢筋直径 d 的 5 倍，平直部分长度取钢筋直径 d 的 5 倍；筋弯钩 135°、平直部分长度≥$10d$+5mm 和 75mm；位于主筋搭接范围内的箍筋弯曲直径应增加一个主筋直径。见图 2.1.2-3。

图 2.1.2-1 钢筋切头平直

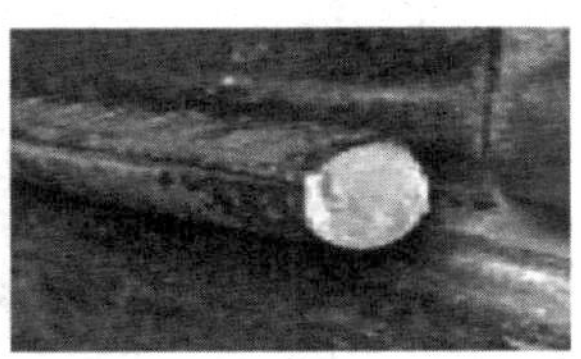

图 2.1.2-2 钢筋切断设备

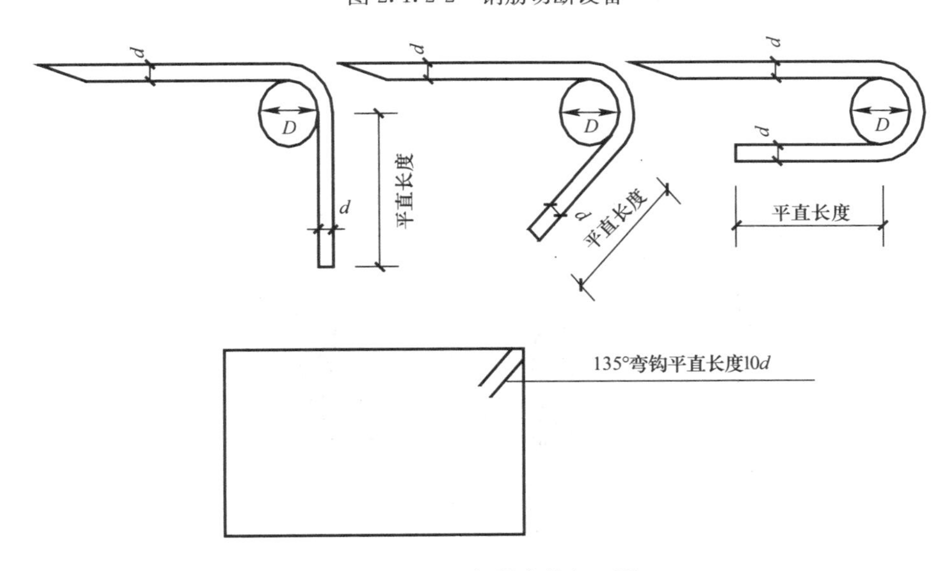

图 2.1.2-3 钢筋弯钩加工图

3. 直螺纹钢筋丝头加工要求

（1）在滚轧过程中，每加工 10 个丝头要检查一次丝头尺寸及丝扣情况，发现偏差必须及时调整滚丝机。钢筋的剥肋过程只允许进行一次，不允许对已加工的丝头进行二次剥肋，不合格的丝头必须切掉重新加工。

（2）丝头长度应满足产品设计要求，为标准套筒长度的 1/2，其公差为 $+2P$（P 为螺距）。牙形饱满、完整，无断牙、秃牙缺陷，牙顶宽超过 0.6mm 秃牙部分累计长度不超过一个螺纹周长，螺纹大径低于中径的不完整丝扣累计长度不得超过两个螺纹周长。

（3）通端螺纹环规能顺利旋入螺纹并达到旋合深度；允许止端螺纹环规与端部螺纹部分旋合，旋入量不应超过 $3P$。

（4）丝头加工完毕经检验合格后，一头拧上同规格的保护帽，另一头拧上同规格的连接套筒，防止装卸、搬运或者混凝土施工过程中污染、损坏丝头。根据钢筋直径选取不同大小的塑料保护套，保护套长度应比螺纹长 10～20mm，且保护套一端应封闭。加工完成后的丝头应按规格分类堆放整齐。见图 2.1.2-4～图 2.1.2-7。

图 2.1.2-4 丝头卡板检查丝头长度

图 2.1.2-5 通止规检查丝头大小

图 2.1.2-6 拧上同规格的保护帽

图 2.1.2-7 拧上同规格的连接套筒

4. 钢筋加工的形状、尺寸应符合设计要求，其偏差应符合表 2.1.2-1 规定：

允许偏差 表 2.1.2-1

项目	允许偏差	检查方法
受力钢筋顺长度方向全长的净尺寸	±10	尺量
弯起钢筋弯折位置	±10	尺量检查
箍筋外形尺寸	±3	尺量外包尺寸

2.1.3 钢筋连接质量控制

1. 同一构件内的接头宜相互错开，机械连接或焊接接头连接区段的长度为 35d 且≥500mm，绑扎搭接接头连接区段的长度 1.3L。

(1) 绑扎搭接

中间和两端共绑扎三处，并必须单独绑扎后，再和交叉钢筋绑扎，搭接长度符合规范要求。见图 2.1.3-1。

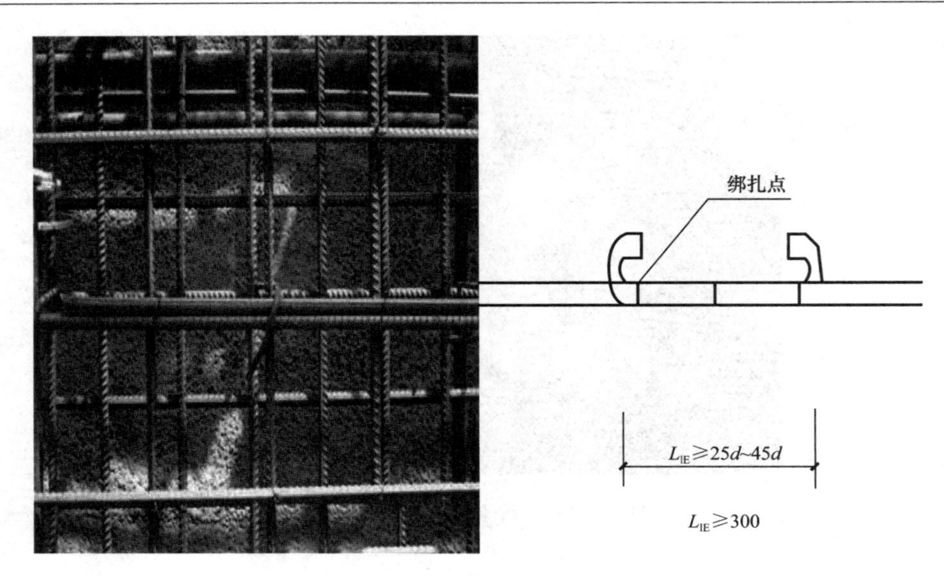

图 2.1.3-1 钢筋绑扎搭接

（2）焊接

1）电弧焊：双面焊焊缝长度≥5d，单面焊焊缝长度≥10d；焊缝表面光滑，余高、弧坑平缓过渡，不得有气孔。见图 2.1.3-2。

图 2.1.3-2 电弧焊

2）电渣压力焊：焊包较均匀，钢筋直径为 25mm 及以下时焊包厚度不小于 4mm，钢筋直径为 28mm 及以上时焊包厚度不小于 6mm；钢筋与电极接触处，应无烧伤缺陷；接头处的弯折角不得大于 2°；接头处的轴线偏移≤0.1d 且≤2mm。见图 2.1.3-3。

3）闪光对焊：接头边缘应有适当的镦粗部分，并呈均匀的毛刺外形，钢筋表面不应有明显的烧伤或裂纹，接头处的弯折角≤4°，接头处的轴线偏移≤0.1d 且≤2mm。见图 2.1.3-4。

（3）机械连接

1）钢筋规格和连接套筒的规格一致，钢筋和连接套筒的丝扣干净、完好无损；预埋接头套筒的外露端应有密封盖。见图 2.1.3-5。

图 2.1.3-3 焊包均匀

图 2.1.3-4 闪光对焊

图 2.1.3-5 套筒密封盖

2）值应满足表 2.1.3-1 规定的力矩值：

力矩值　　表 2.1.3-1

钢筋直径（mm）	≤16	18～20	22～25	28～32	36～40
拧紧力矩（N·m）	100	200	260	320	360

3）标准型接头连接套筒单边外露有效螺纹不得超过 $2P$。见图 2.1.3-6。

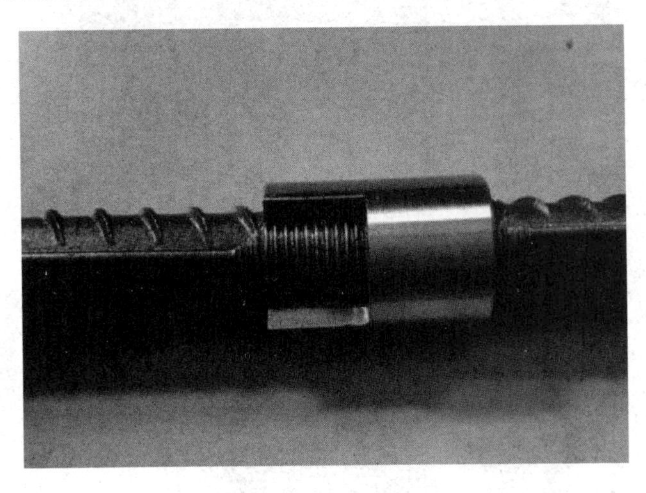

图 2.1.3-6　有效螺纹长度

4）直螺纹接头连接后应用力矩扳子检查，合格后做好标识。用皮数杆控制柱箍筋的位置和间距，并作为绑扎固定检查验收的依据。见图 2.1.3-7。

图 2.1.3-7　丝头连接检查标识

2.1.4　钢筋安装质量控制

1. 定位钢筋安装

1）板筋上部 1m 处采用定位框固定柱钢筋间距。见图 2.1.4-1～图 2.1.4-3。

2）墙上部水平施工缝之上 0.5m 左右高位置设置水平梯子筋，每个节点部位均须绑扎固定，水平梯子筋直径加大一个规格代替墙体水平钢筋。见图 2.1.4-4、图 2.1.4-5。

图 2.1.4-1 柱钢筋定位框

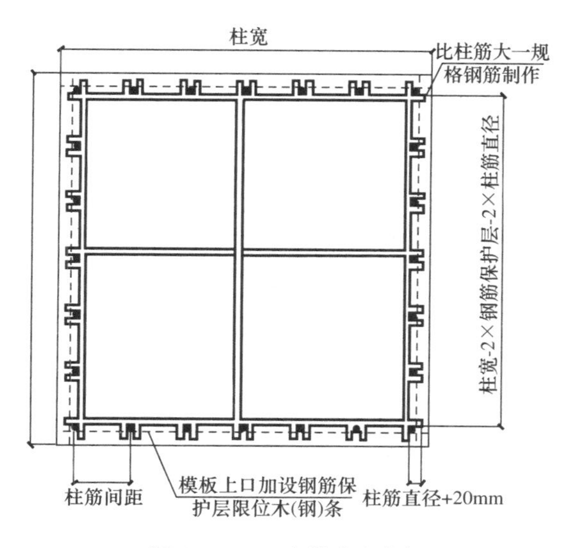

图 2.1.4-2 内撑式定位框

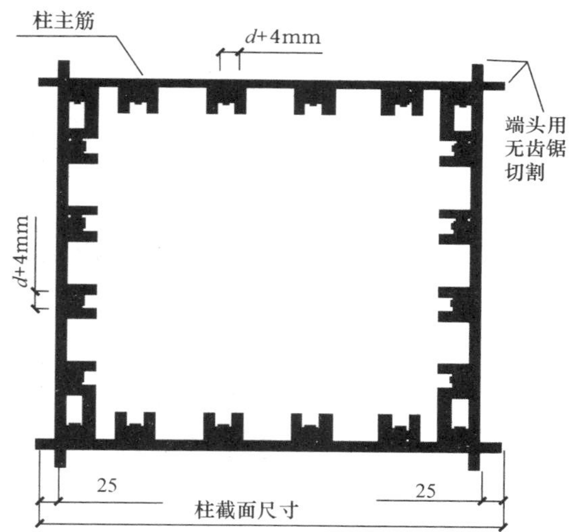

图 2.1.4-3 外控式定位框

图 2.1.4-4 墙体水平梯子筋

图 2.1.4-5　顶板水平梯子筋

3）在墙体中间距 1～2m 设置竖向梯子筋。竖向梯子筋直径加大一个规格代替主筋，每个竖向梯子筋不少于 4 个横撑，梯子筋距柱边 50mm，上、中、下三道梯档宽为墙厚减 2mm，中部梯档宽度为墙厚减保护层。见图 2.1.4-6。

图 2.1.4-6　竖向梯子筋

4）墙筋直径大于 16mm，可取消竖向梯子筋，采用双 F 卡定位或成品混凝土撑筋。定位卡两端使用无齿锯切割，采用 ϕ14 钢筋制作，端头处涂刷 10mm 防锈漆。见图 2.1.4-7、图 2.1.4-8。

图 2.1.4-7　双 F 定位卡

图 2.1.4-8　端头涂刷防锈漆

2. 钢筋垫块布设

1）板筋垫块距梁边 300mm 处开始均匀布设，间距 1m，墙和梁上口需设置定位筋，否则垫块需从距上口 300mm 处开始布设。见图 2.1.4-9、图 2.1.4-10。

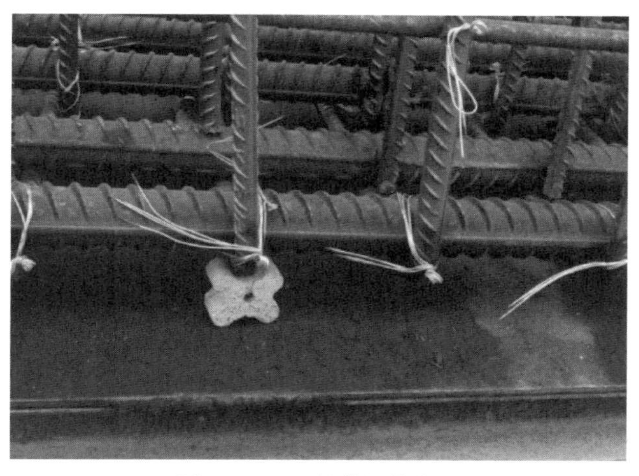

图 2.1.4-9　梁筋垫块布设

图 2.1.4-10　板筋垫块布设

2）钢筋马镫布置间距≤1m，支撑点必须放置在有垫块处的板底筋之上，保证现浇板的有效净高。梁、板绑扎成型后，应铺设跳板，以避免后续工序施工人员踩踏或重物堆置，导致钢筋弯曲变形。见图 2.1.4-11、图 2.1.4-12。

图 2.1.4-11　马镫筋布设

图 2.1.4-12　板通行马道设置

3. 钢筋绑扎：绑扎前在模板上弹出主筋及分布筋排列线，双向受力筋交叉点全部绑扎，间隔采用正反八字扣，梁主筋与箍筋垂直部位采用缠扣绑扎。见图 2.1.4-13～图 2.1.4-15。

图 2.1.4-13　钢筋绑扎前弹位置线

图 2.1.4-14 钢筋绑扎

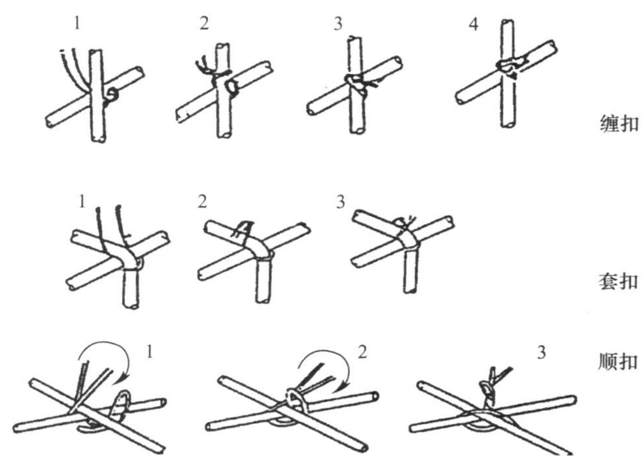

图 2.1.4-15 钢筋绑扣方式

4. 钢筋安装质量检查：受力钢筋的牌号、规格、数量、锚固方式和锚固长度符合设计要求。钢筋安装位置的偏差应符合表 2.1.4-1 规定：

允许偏差及检验方法 **表 2.1.4-1**

项目		允许偏差（mm）	检验方法
绑扎钢筋网	长、宽	±10	尺量
	网眼尺寸	±20	尺量连续三档，取最大偏差值
绑扎钢筋骨架	长	±10	尺量
	宽、高	±5	尺量
纵向受力钢筋	锚固长度	−20	尺量
	间距	±10	尺量两端、中间各一点，取最大偏差值
	排距	±5	
纵向受力钢筋、箍筋的混凝土保护层厚度	基础	±10	尺量
	柱、梁	±5	尺量
	板、墙、壳	±3	尺量
绑扎箍筋、横向钢筋间距		±20	尺量连续三档，取最大偏差值
钢筋弯起点位置		20	尺量，沿纵、横两个方向量测，并取其中偏差的较大值

续表

项目		允许偏差（mm）	检验方法
预埋件	中心线位置	5	尺量
	水平高差	+3，0	塞尺量测

2.2 模板工程

2.2.1 模板及支架用材料质量控制

1. 模板材料

（1）木模板

1）木模板种类及外观要求

常用木胶合模板的厚度有12mm、15mm、18mm，外观平整、光滑、整洁，任意部位不得有腐朽、霉斑、鼓泡。不得有板边缺损、起毛。每平方米单板脱胶不大于0.001m^2。每平方米污染面积不大于0.005m^2。

2）模板规格

① 对于模数制的模板，其长度和宽度公差为±3mm，对于非模数制的模板，其长度和宽度公差为±2mm。胶合板模板的规格尺寸应符合表2.2.1-1规定：

规格尺寸　　表2.2.1-1

幅面尺寸				厚度（mm）
模数制		非模数制		
宽度（mm）	长度（mm）	宽度（mm）	长度（mm）	
		915	1830	≥12～<15 ≥15～<18 ≥18～<21 ≥21～<24
900	1800	1220	1830	
1000	2000	915	2135	
1200	2400	1220	2440	
		1250	2600	

② 模板厚度允许偏差应符合表2.2.1-2规定。

模板厚度允许偏差　　表2.2.1-2

公称厚度（mm）	平均厚度与公称厚度间允许偏差（mm）	每张板内厚度最大允许差（mm）
≥12～<15	±0.5	0.8
≥15～<18	±0.6	1.0
≥18～<21	±0.7	1.2
≥21～<24	±0.8	1.4

③ 胶合板模板对角线长度允许偏差见表2.2.1-3。

对角线长度允许偏差　　表2.2.1-3

胶合板公称长度（mm）	两对角线长度之差（mm）
≤1220	3
>1220～≤1830	4
>1830～≤2135	5
>2135	6

④ 模板翘曲度限值见表 2.2.1-4。

模板翘曲度限值 **表 2.2.1-4**

厚度	等级	
	A 等板	B 等板
12mm 以上	不得超过 0.5%	不得超过 1%

翘曲度检测方法：用钢直尺量对角线长度，并用楔形塞尺（或钢卷尺）量钢直尺与板面间最大弦高，后者与前者的比值为翘曲度。

⑤ 进场弹性检测及浸泡检查：将模板的一段架高，另一端放低呈现倾斜仰面，人站在模板的上面，轻轻的踩踏，模板在下压之后应能否快速的弹回；每批次随机抽样三块，截取 300×300 小块做沸水浸泡检测，8h 以上应无开胶、无起鼓开裂。

⑥ 检查后的合格模板，按所需尺寸采用开模机裁板集中配制、按规格分类存放。见图 2.2.1-1、图 2.2.1-2。

图 2.2.1-1 沸水浸泡检查

3）木方

用作支撑、加固结构体系的木材，尺寸一般为 50mm×50mm，50mm×100mm，100mm×100mm。外观应材质均匀、密实，天然缺陷少，干燥，无虫蛀。材质为松木或杉木为主。

进场验收：整车观察，如发现该批次木方发霉，腐烂，则全车退场；抽取一捆木方，统计以下数据，若不合格数量占一捆木方的比例在 5%以上，整车退场。

① 弯曲度检测：

4m 木方弯曲度在 30mm 范围内属合格，超出则算不合格；

3m 木方弯曲度在 20mm 范围内属合格，超出则算不合格。

侧弯，扭曲算不合格品。

如果弯曲度不合格数量占一捆木方的比例在 5%以上，整车退场。

② 木方边皮验收：

不带边皮或者边皮厚度小于 20mm 且长度小于 1m，算合格品。

边皮厚度小于 20mm 且长度大于 1m 小于 2m 的，算次品。

边皮厚度大于 20mm 或者边皮厚度小于 20mm 但长度大于 2m 的，算不合格品。

图 2.2.1-2　模板裁板

若木方边皮的不合格数量占一捆木方的比例在 5%以上，整车退场。

③ 木方长度检测：实测长度与订购长度相差 40mm 以上为不合格品。

④ 开裂，破损检测：

如开裂，破损长度在 500mm 以内，算次品；

如开裂，破损长度在 500mm 以上，算不合格品。

⑤ 现场存放要求：场地面硬化且不积水；上盖下垫，堆放高度≤2m。见图 2.2.1-3、图 2.2.1-4。

图 2.2.1-3　木方存放

图 2.2.1-4 木方压刨处理

(2) 铝模板

1) 铝膜板外观及表面质量

铝膜板的外观及表面质量应符合表 2.2.1-5 规定：

铝膜板外观及表面质量要求 **表 2.2.1-5**

序号	项目名称	允许偏差	检验方法
1	铝模板高度	±1mm	用钢卷尺
2	铝模板宽度	−0.5mm	用钢卷尺
3	铝模板板面对角线差	≤3mm	用钢卷尺
4	面板平整度	1.5mm	用 2m 测尺和塞尺
5	相邻面板拼缝高低差	≤0.5mm	用 2m 测尺和塞尺
6	相邻面板拼缝间隙	≤0.5mm	直角尺和塞尺

2) 型材质量要求

① 铝合金模板的焊缝应在构件内部，外表面的焊点应磨平。端肋焊接不得扭曲、偏斜、错位和超过板端。焊缝应美观整齐，不得有漏焊、裂纹、气孔、烧穿、塌陷、咬边、未焊透、未熔合等缺陷，飞渣、焊渣应清理干净。铝合金模板型材表面应清洁、无裂纹或腐蚀斑点。型材表面起皮、气泡、表面粗糙和局部机械损伤的深度不得超过所在部位壁厚公称尺寸 8%，缺陷总面积不得超过型材表面积的 5%。型材上需加工的部位其表面缺陷深度不得超过加工余量。

② 标准板（400mm 宽）背面应是纵横向井字形加劲肋，内劲肋要求一次挤压成型，

外劲肋截面为工字型或中空型；墙模主肋间距≤300mm，楼板模板主肋间距≤400mm。

③ 背楞方钢截面尺寸要求优先使用：40mm×80mm×2mm。

④ 对拉螺杆直径不应小于 18mm。

⑤ K 板 400mm 高双排螺钉@500，长度≥600mm 的 K 板不少于 4 个螺丝。

3）贮存

铝合金模板工厂储存宜放在室内或敞篷内，模板底面应垫离地面 100mm 以上。露天堆放时，地面应平整、坚实、有排水措施，模板底面应垫离地面 200mm 以上，两支点离板端距离不应大于模板长度的 1/5。露天码放的总高度不应大于 2000mm，且有可靠的防倾覆措施。铝合金模板露天储存应采取防日晒 、防尘、防雨雪等措施。

4）铝合金模板配件

① 连接件：插销、销片、螺丝；采用 Q235；

② 支撑件：支撑、斜撑；采用 Q235。见图 2.2.1-5、图 2.2.1-6。

图 2.2.1-5 铝合金模板的样板图

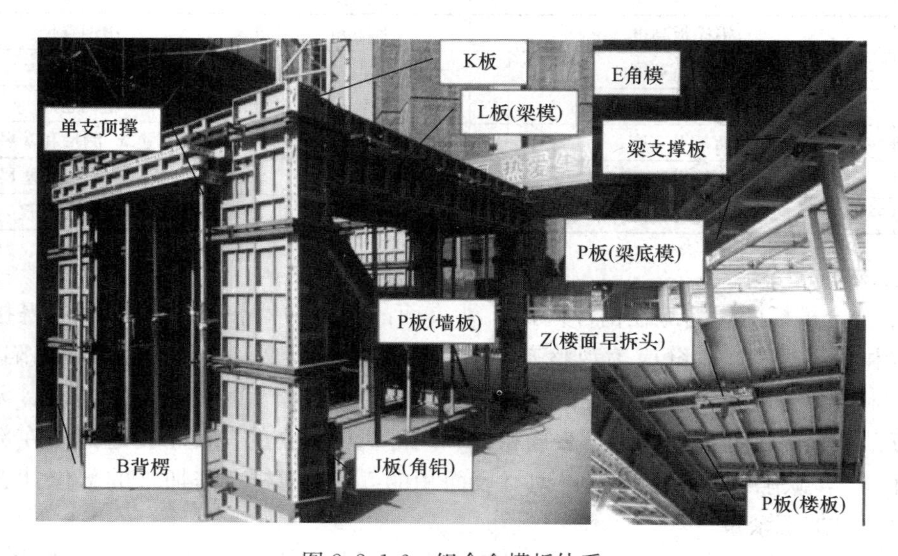

图 2.2.1-6 铝合金模板体系

2. 脚手架

(1) 扣件式钢管脚手架

1) 材料进场前，应收集全国工业产品生产许可证、产品质量合格证、钢管脚手架、扣件等检验报告。

2) 钢管

① 一般采用ϕ48.3×3.6 (最薄3.24) 钢管，每根钢管最大质量不应大于25.8kg，壁厚不足2.75的钢管禁止进入施工现场。同时生锈钢管不能进场使用，使用黄色、红色或按规定使用油漆涂刷钢管全身防锈防腐。严禁使用打孔的钢管。

② 从现场使用的脚手架钢管中，抽样进行外观检查：钢管表面平直光滑，无裂缝、结疤、分层、错位、硬弯、毛刺、压痕和深的划纹；钢管外径、壁厚、端面等的偏差不大于0.5mm；钢管涂有防锈漆；在锈蚀严重的钢管中抽取三根 (锈蚀检查应每年一次)，在每根锈蚀严重的部位横向截开取样检查，表面锈蚀深度不大于0.5mm (当锈蚀深度超过规定值时不得使用)。见图2.2.1-7。

图2.2.1-7 钢管脚手架截面尺寸检查

③ 钢管弯曲变形符合表2.2.1-6规定：

弯曲变形规定 表2.2.1-6

钢管类型	钢管长度	弯曲允许偏差
立杆	l≤1.5m	5mm
	3m<l≤4m	12mm
	4m<l≤6.5m	20mm
水平杆、斜杆	l≤6.5m	30mm

3) 扣件

① 十字扣件重量必须达到1.1kg，旋转与对接扣件均为1.25kg，扣件零部件完整无锈蚀。验收产品的规格、商标是否在醒目处铸出，字迹、图案是否清晰、完整。不得有裂缝、气孔，不宜有疏松、砂眼或其他影响使用性能的铸造缺陷。铸件表面无粘砂、毛刺、氧化皮，扣件表面进行防锈处理。见图2.2.1-8、图2.2.1-9。

图 2.2.1-8　脚手架扣件重量检查

图 2.2.1-9　脚手架扣件扭力矩检查

② 螺栓 M12 总长为 72mm，螺母 M12，对边宽度为 22mm，厚度为 14mm，垫圈 M12，旋转扣件中心铆钉直径为 14mm，其他铆钉直接为 8mm，螺栓不得滑丝。

4）可调托撑和底座

可调托撑螺杆外径≥36mm，螺杆与支托板焊接应牢固，焊缝高度≥6mm，螺杆与螺母旋合长度不得少于 5 扣，螺母厚度≥30mm，翼板高不宜小于 30mm，侧翼外皮距离不宜小于 110mm，且不宜大于 150mm。支托板长不宜小于 90mm，板厚≥5mm。

底座厚≥6mm，边长 150～200mm，底座上焊 150mm 高的钢管。

现场存放场地面硬化且不积水，堆放高度≤1.2m，采用钢管架堆放时堆放高度≤2m。见图 2.2.1-10、图 2.2.1-11。

5）脚手板

脚手板一般可用厚 2mm 的钢板压制而成，长度 2～4m，宽度 250mm，表面应有防滑措施。也可采用厚度≥50mm 的杉木板或松木板，长度 3～6m，宽度 200～250mm，或者采用竹脚手板。见图 2.2.1-12、图 2.2.1-13。

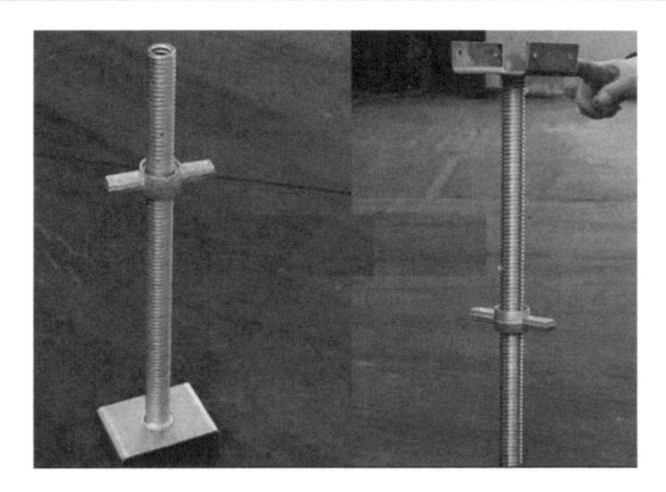

图 2.2.1-10　底座和可调托撑

图 2.2.1-11　现场支托码放

图 2.2.1-12　冲压钢脚手板

图 2.2.1-13　木脚手板

（2）碗扣式脚手架

1）主要构配件应有产品标识及产品质量合格证，供应商应配套提供管材、零件、铸件、冲压件等材质、产品性能检验报告。

2）构配件外观质量要求：

① 立杆上的上碗扣应能上下串动和灵活转动，不得有卡滞现象；

② 杆件最上端应有防止上碗扣脱落的措施；

③ 在碗扣节点上同时安装 1～4 个横杆，上碗扣均应能锁紧；

④ 铸造件表面应光整，不得有砂眼、缩孔、裂纹、浇冒口残余等缺陷，表面粘砂应清除干净；

⑤ 碗扣下碗破损、外套管损坏、横杆插头损坏，杆件死弯、裂缝、凹陷、孔洞、焊疤、有割锯痕迹等须作报废处理；

⑥ 碗扣架允许偏差如表 2.2.1-7：

表 2.2.1-7

序号	项目	允许偏差（mm）
1	杆件管口平面与钢管轴线垂直度	0.5
2	立杆下碗扣间距	±1
3	下碗扣碗口平面与钢管轴线垂直度	≤1
4	接头的接触弧面与横杆轴心垂直度	≤1
5	横杆两接头接触弧面的轴心线平行度	≤1

（3）盘扣式脚手架

1）应有脚手架产品标识及产品质量合格证、脚手架产品主要技术参数及产品使用说明书，钢管应无裂纹、凹陷、锈蚀，不得采用对接焊接钢管；钢管应平直，直线度允许偏差应为管长的 1/500，两端面应平整，不得有斜口、毛刺；铸件表面应光滑，不得有砂眼、缩孔、裂纹、浇冒口残余等缺陷，表面粘砂应清除干净；冲压件不得有毛刺、裂纹、氧化皮等缺陷，各焊缝有效高度应符合规定，焊缝应饱满，焊药应清除干净，不得有未焊透、夹渣、咬肉、裂纹等缺陷。

2）铸钢或钢板热锻制作的连接盘的厚度≥8mm，允许尺寸偏差应为±0.5mm；钢板冲压制作的连接盘厚度≥10mm，允许尺寸偏差应为±0.5mm。楔形插销的斜度应确保楔形插销楔入连接盘后能自锁。

3）立杆连接套管可采用铸钢套管或无缝钢管套管。采用铸钢套管形式的立杆连接套长度≥90mm，可插入长度≥75mm；采用无缝钢管套管形式的立杆连接套长度≥160mm，可插入长度≥110mm。套管内径与立杆钢管外径间隙不应大于2mm。

4）立杆与立杆连接套管应设置固定立杆连接件的防拔出销孔，销孔孔径不应大于14mm，允许尺寸偏差应为±0.1mm；立杆连接件直径宜为12mm，允许尺寸偏差应为±0.1mm。

2.2.2 模板及支架安装

1. 架体选用

正负零以上楼板支撑体系采用钢管架，不得使用门式架作为支撑体系，可采用扣件式或碗扣式脚手架支撑体系，高度超过8m的高支模禁止使用扣件式，推荐采用盘扣架作为模板支撑体系。

2. 扣件式钢管脚手架构造要求

(1) 在地面平整，排水顺畅后，铺设厚度≥50mm，长度≥2跨的木垫板，然后在上面安放丝杠底座。见图2.2.2-1、图2.2.2-2。

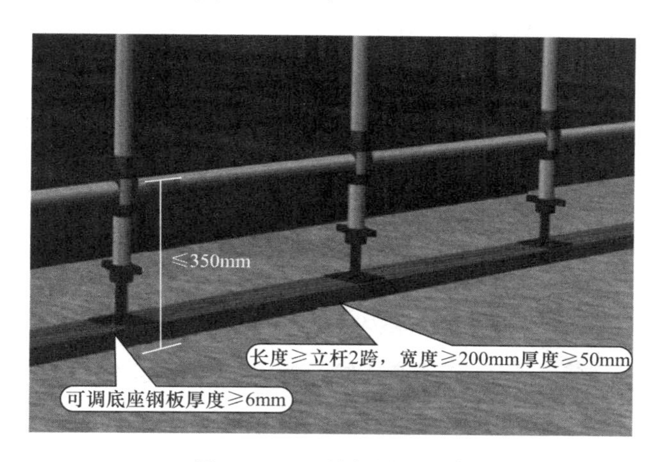

图2.2.2-1 垫板设置要求

图2.2.2-2 垫板现场布置

（2）支撑脚手架的立杆间距和步距应按设计计算确定，且楼板支撑立管纵横向间距≤1.2m，扫地杆距楼面≤200mm，中间水平拉杆步距≤ 1.8m。支撑脚手架独立架体高宽比不应大于 3.0。楼板第一排立管距墙柱≤400mm，木枋距阴角≤150，并有阴角方木。楼板模板木枋间距≤300mm，立管顶托旋出长度≤300mm，不允许采用底托；主龙骨采用两根钢管，次龙骨搭接应进行有效支撑。如次龙骨使用方钢，模板拼缝处应设置方木。

（3）水平杆应按步距沿纵向和横向通长连续设置，不得缺失。在支撑脚手架立杆底部应设置纵向和横向扫地杆，水平杆和扫地杆应与相邻立杆连接牢固。

（4）按构造要求设置竖向和水平剪刀撑。

（5）主节点处必须设置一根横向水平杆，用直角扣件扣接且严禁拆除。

（6）脚手架立杆基础不在同一高度上时，必须将高处的纵向扫地杆向低处延长两跨与立杆固定，高低差≤1m；靠边坡上方的立杆轴线到边坡的距离≥500mm。见图 2.2.2-3、图 2.2.2-4。

图 2.2.2-3 对接扣件连接节点

图 2.2.2-4 拼缝处设置木方

（7）单排、双排与满堂脚手架立杆接长除顶层顶步外，其余各层各步接头必须采用对接扣件连接。

3. 碗扣式钢管脚手架构造要求

（1）扫地杆距地高度≤350mm，立杆上端伸出水平杆长度≤700mm；

（2）当立杆间距>1.5m时，应在拐角处设置通高专用斜杆，中间每排每列应设置通高八字形斜杆或剪刀撑；

（3）当立杆间距≤1.5m时，模板支架四周从底到顶连续设置剪刀撑，中间纵横向从底到顶连续设置剪刀撑，间距≤4.5m。见图2.2.2-5、图2.2.2-6。

图2.2.2-5 碗扣架支撑（一）

图2.2.2-6 碗扣架支撑（二）

4. 盘扣式钢管脚手架构造要求

（1）模板支架搭设高度不宜超过24m；当超过24m时，应另行专门设计。

（2）当搭设高度不超过8m的满堂模板支架时，步距不宜超过1.5m，架体四周外立面向内的第一跨每层均应设置竖向斜杆，架体整体底层以及顶层均应设置竖向斜杆，每隔5跨由底至顶纵、横向均设置竖向斜杆。

（3）当搭设高度超过8m的模板支架时，竖向斜杆应满布设置，水平杆的步距不得大于1.5m，沿高度每隔4～6个标准步距应设置水平层斜杆，与周边结构形成可靠拉结。见图2.2.2-7、图2.2.2-8。

图2.2.2-7　盘扣架支撑（一）

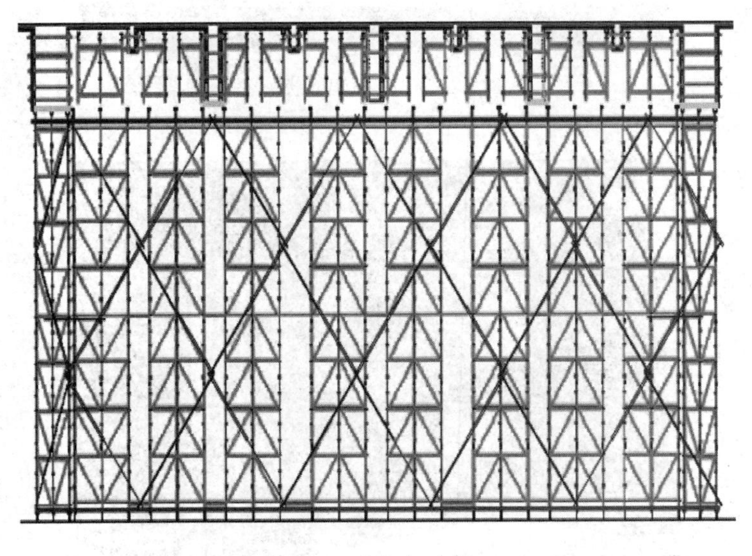

图2.2.2-8　盘扣架支撑（二）

5. 木模板支设质量要求

（1）梁板模板

1）楼板支模木龙骨或型钢布置要求均匀，净空间距不超出200mm。木龙骨或型钢布置距墙面、梁面的距离控制在150mm以内，方木悬挑长度≤250mm。主龙骨钢管必须采用双钢管安装，末端悬挑长度≤400mm。见图2.2.2-9、图2.2.2-10。

图 2.2.2-9 模板铺设

图 2.2.2-10 模板接缝处注意事项

2）同一作业面上所用的模板、木方必须保证厚度一致，高度小于 600 的梁采用 U 形方木箍进行加固固定，间距不得大于 600，高度大于 600 的梁中应按施工方案设穿对拉螺杆，防止出现胀模，梁两侧可采用扣件固定方木的形式固定。见图 2.2.2-11。

图 2.2.2-11 模板加固固定

3）长度大于4000的梁应按1/1000～3/1000进行起拱，梁底标高必须保证准确，梁底板铺设完成后应进行标高复核。

4）梁墙交接处，梁底模在墙堵头板上方，与堵头板内表面平齐，梁底方木距墙堵头不超过100，防止梁端头出现下坠现象。楼板与墙板或梁板交接阴角处均应设置一根通常方木，用来固定阴角处模板，保证阴角顺直和防止漏浆。见图2.2.2-12、图2.2.2-13。

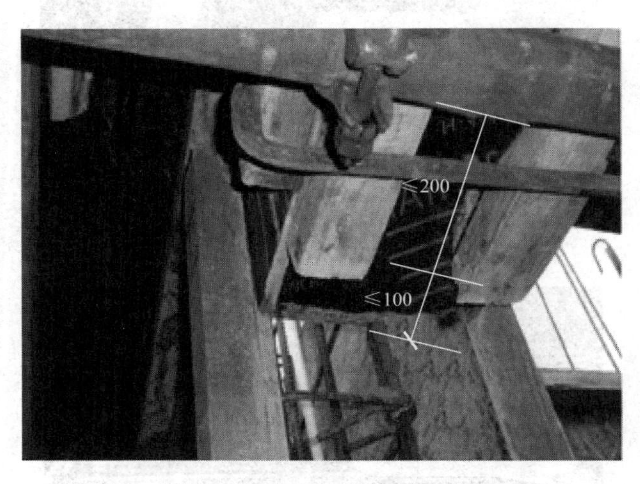

图2.2.2-12　交接处细部控制

图2.2.2-13　阴角控制

5）楼板模板安装完成后，应在模板上设置300mm控制线，以此作为开间和墙柱、边梁的控制线。见图2.2.2-14、图2.2.2-15。

6）梁板模板安装完成后，首先采用拉线检测模板极差，还应用铝合金尺进行板面平整度检测。平板模板安装完成后极差不得大于6mm，平整度允许偏差不得大于5mm。模板间缝隙不得大于1mm，用胶泥填塞密实。见图2.2.2-16、图2.2.2-17。

7）卫生间、厨房间建议采用5＃槽钢制作定型化模板支模，用螺栓固定，提高阴阳角方正度。见图2.2.2-18。

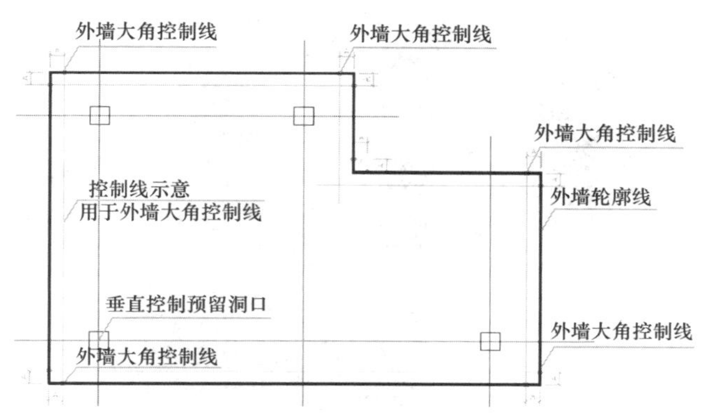

图 2.2.2-14　边梁控制线

图 2.2.2-15　边梁控制线实测实量

图 2.2.2-16　楼板模板拉线检查

(2) 剪力墙模板

1) 剪力墙龙骨应采用通长 50×90 方木、5 号槽钢或双钢管加固，间距≤200mm；所有模板拼缝处均应设置和槽钢或方木加固，防止漏浆。所有剪力墙应设置保证墙体垂直度的斜撑，防止在浇混凝土过程中产生墙体偏扭。见图 2.2.2-19。

图 2.2.2-17 检查梁内控尺寸

图 2.2.2-18 定型化模板支模

图 2.2.2-19 剪力墙模板支撑体系

2）剪力墙模板安装前须设置距离剪力墙边 200mm 的控制线、轴线和剪力墙边线，用来复核剪力墙模板的定位和垂直度的准确性；

3）在剪力墙支模前应对剪力墙底部进行砂浆找平或模板条找平，减少因墙模板与楼面存在缝隙造成漏浆。见图 2.2.2-20～图 2.2.2-22。

图 2.2.2-20　剪力墙底部处理图

图 2.2.2-21　剪力墙底部砂浆找平

4）模板加固

① 墙厚为 250mm 及以上时剪力墙阳角加固：在原剪力墙支模主龙骨上焊接一根 120mm 长钢管，然后采用对拉螺杆固定。见图 2.2.2-23。

② 层高小于 3m 和墙厚为 200mm 时，在原剪力墙支模长钢管上固定一个活动扣，然后采用对拉螺杆固定，端头加固钢管必须和剪力墙支模长钢管十字扣固定。

③ 剪力墙阴角处必须采用两道穿墙螺杆加固，长方向阴角处穿墙螺杆应加长加固短方向端头板。见图 2.2.2-24、图 2.2.2-25。

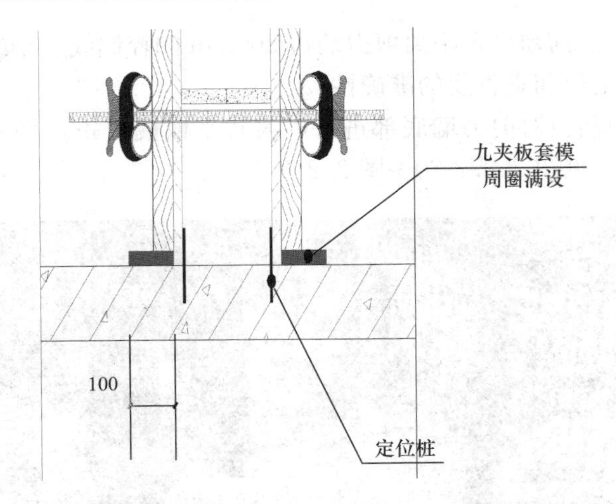

图 2.2.2-22　剪力墙底部垫板条处理

图 2.2.2-23　剪力墙阳角加固

图 2.2.2-24　剪力墙端头加固

图 2.2.2-25 剪力墙阴角加固

5）剪力墙厚度和钢筋保护层厚度

① 剪力墙支撑条在模板拼缝两侧都应进行放置，其他部位放置间距不得超过 600mm，保证剪力墙模板在加固时受力均匀，混凝土结构厚度一致。塑料保护层应固定在剪力墙主筋上，间距不得超过 600mm。见图 2.2.2-26、图 2.2.2-27。

图 2.2.2-26 剪力墙支撑条（一）

② 在外剪力墙支模时，所有加固方木应与模板上口平齐，再在上口处结合预埋螺栓设置通长方木，用来固定上口模板。见图 2.2.2-28。

6）墙体预留洞采用定型化钢模支模；所有外立面线条、柱、悬挑板等构件应与主体结构同时施工，由于施工工艺要求必须分两次施工时应隔层施工完成。见图 2.2.2-29、图 2.2.2-30。

（3）柱模板

1）柱模板安装前须弹设离柱边 300mm 的控制线，用来复核柱子模板的定位和垂直度的准确性。在柱子支模前应对柱子底部进行砂浆找平或模板条找平定位，减少因柱底模与楼板面有缝隙产生的漏浆。

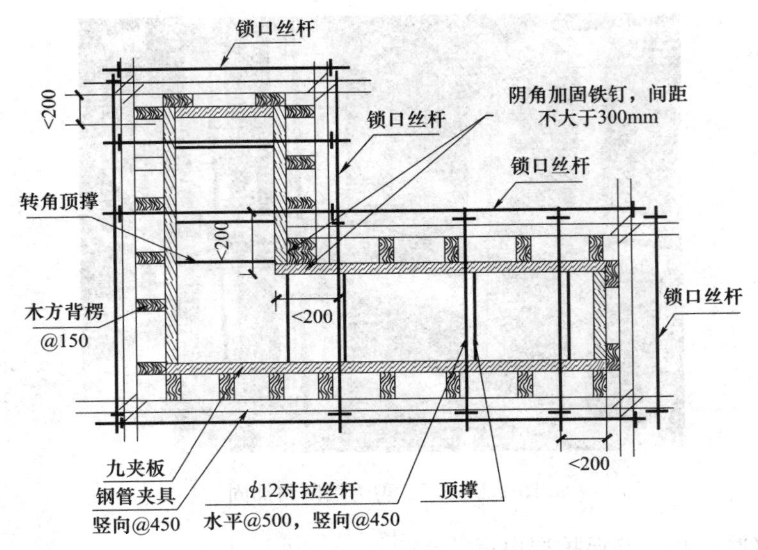

图 2.2.2-27 剪力墙支撑条（二）

图 2.2.2-28 剪力墙上口固定

图 2.2.2-29 现场定型化模板

图 2.2.2-30 现场定型化预留洞口模板图

2）柱子龙骨应采用双钢管和方木加固，推荐使用铝合金固定销；梁柱节点两侧应采用通长龙骨加固；水平加固箍间距不得大于 400mm，最底下一道离地不得大于 200mm，最上面一道离梁底不得大于 200mm；底下三道加固箍应采用两个螺帽加固，防止螺帽因震动而松动造成柱子胀模。柱子截面大于 600mm 应依据施工计算方案在梁中设置一道以上对拉螺杆，防止柱子产生胀模。见图 2.2.2-31、图 2.2.2-32。

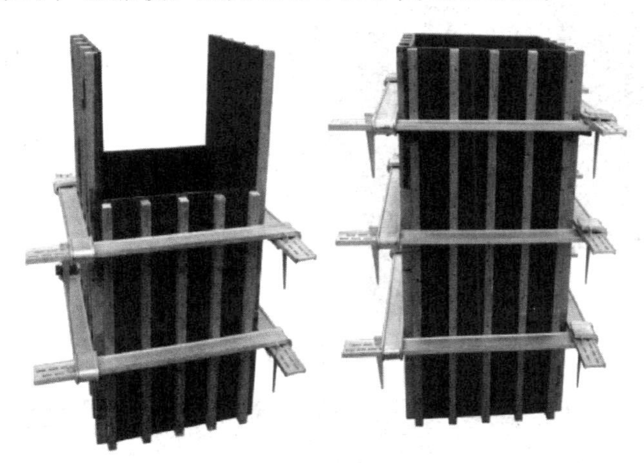

图 2.2.2-31 定型柱箍使用（一）

3）柱梁节点模板安装

梁柱结合处模板拼缝必须采取柱模包梁模的构造形式；柱模板上口标高应在加固前，通过上层钢筋抄测的水平点进行标高控制。见图 2.2.2-33、图 2.2.2-34。

4）柱、墙模板底部设置清扫、检查口，有利于清理及检查柱、墙内垃圾杂物，保证柱、墙根部混凝土的质量。见图 2.2.2-35。

（4）楼梯支模

楼梯宜采用封闭式模板，当使用敞开式模板时必须加固牢固，控制好每部踏步高度及宽度，保证混凝土成型效果。封闭式模板在楼梯踏步的中间部位预留孔洞，方便振捣混凝土，避免气泡存积。敞开式模板定位和固定木方不得少于两排。见图 2.2.2-36～图 2.2.2-38。

图 2.2.2-32　定型柱箍使用（二）

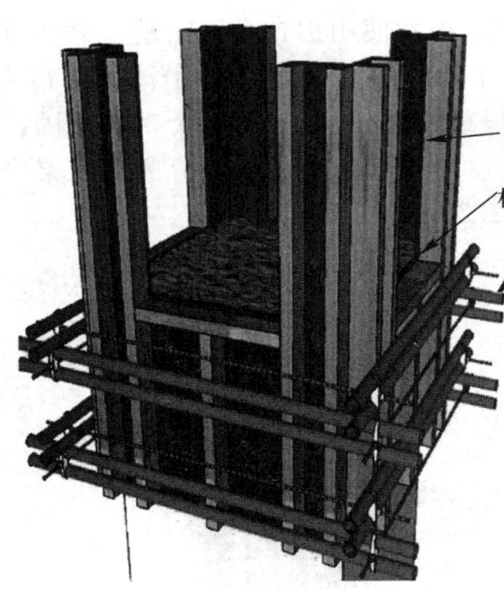

图 2.2.2-33　梁柱节点示意图

图 2.2.2-34　梁柱节点现场图

图 2.2.2-35 预留清扫口

图 2.2.2-36 封闭式楼梯模板

图 2.2.2-37 敞开式楼梯模板（一）

图 2.2.2-38　敞开式楼梯模板（二）

6. 铝模板支设质量要求

（1）支撑体系：立柱纵横间距一般为 1.2m 左右（荷载大时应采用密排形式）。对拉螺杆起步 200～250mm，水平与垂直方向对拉螺杆间距不超过 800mm，内四外五，确保平整度与垂直度要求。见图 2.2.2-39。

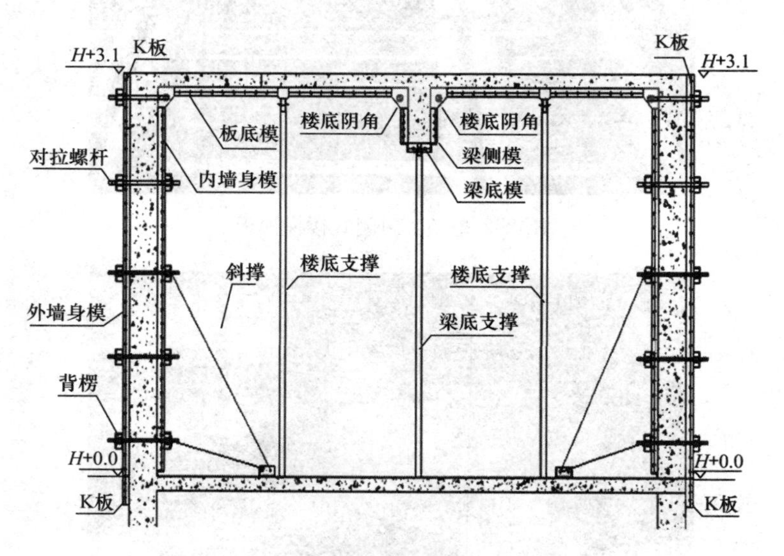

图 2.2.2-39　铝模板支撑体系

（2）外墙体除按标准的支撑外，另需增加钢丝绳拉接以防止墙体移位。模板设计时预留防水企口。见图 2.2.2-40、图 2.2.2-41。

（3）在墙柱模板周边种上限位钢筋，钢筋上焊接墙厚－2mm 定位钢筋；在对拉螺杆的地方安装定位胶塞和硬质成品 PVC 管。见图 2.2.2-42、图 2.2.2-43。

（4）厨房、卫生间、烟道反坎，水电井等随铝模配模进行现浇。见图 2.2.2-44。

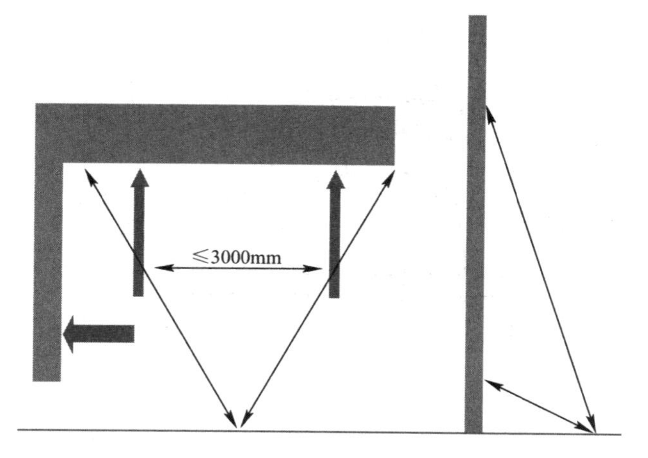

图 2.2.2-40　外墙增设钢丝绳

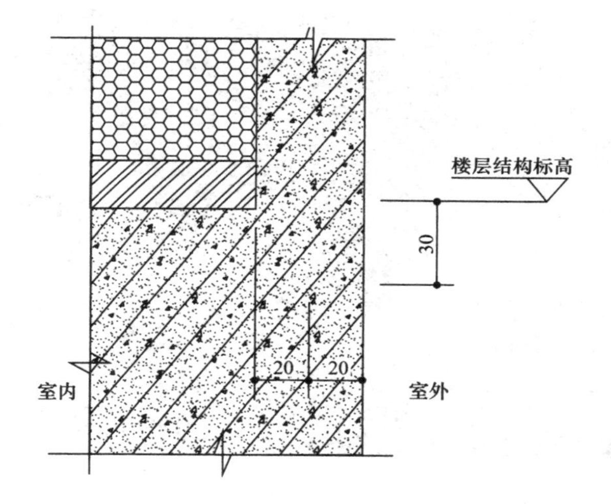

图 2.2.2-41　外墙在楼板部位设置防水企口

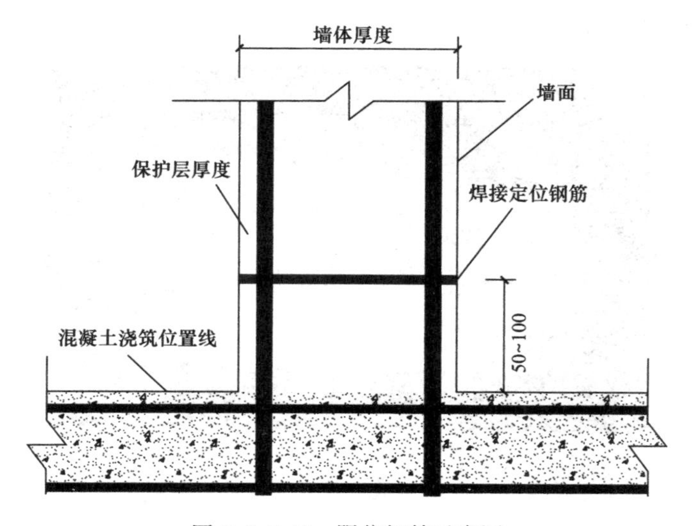

图 2.2.2-42　限位钢筋示意图

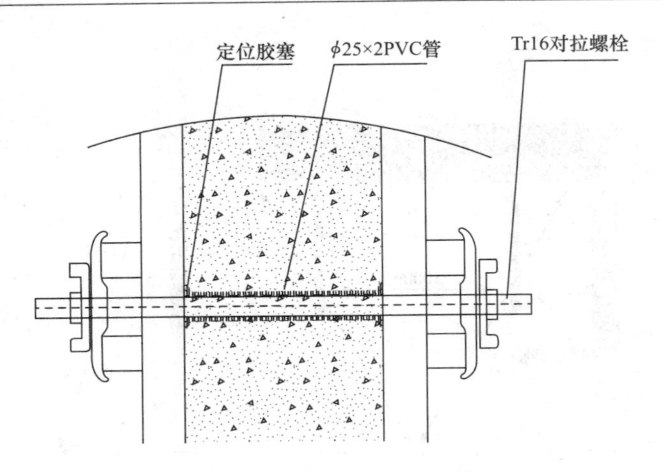

图 2.2.2-43　螺杆定位胶塞

图 2.2.2-44　卫生间反坎随结构一同浇筑

（5）滴水线、预留水管凹槽等均做成梯形、提前在模板上固定定型铝条，不得采用泡沫板、PVC 管等压槽，避免位移。见图 2.2.2-45、图 2.2.2-46。

图 2.2.2-45　滴水线压槽

图 2.2.2-46 预留水管位置压槽

（6）对于室内门上剩余尺寸不大于 300 的过梁及墙垛，可预先优化，避免二次植筋浇筑。见图 2.2.2-47。

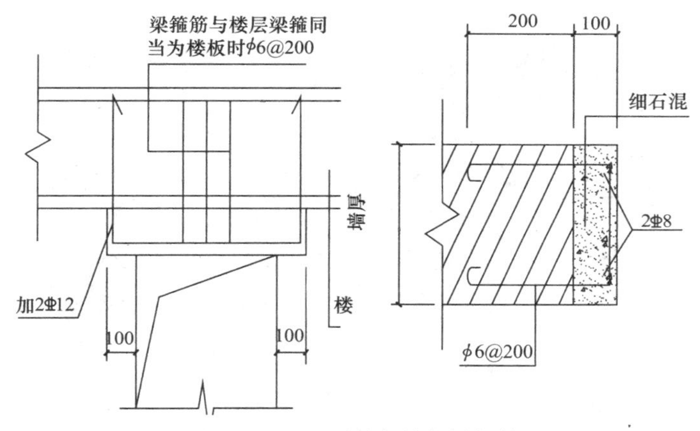

图 2.2.2-47 对拉螺栓加设钢管

（7）所有电线盒、地漏、大便蹲坑均在铝模上定好位，采用自攻螺丝固定在铝模上，地漏、大便蹲坑采用止水节。所有立管、空调洞均在铝模上开孔预埋。见图 2.2.2-48、图 2.2.2-49。

图 2.2.2-48 线盒等一次预埋到位

图 2.2.2-49　门口背楞加固

（8）门洞口容易出现偏差的地方，在门洞口上下部位应各加一条背楞加固；窗下墙必须设置两道背楞，与大面墙拉通设置。见图 2.2.2-50。

图 2.2.2-50　窗下背楞加固

7. 后浇带模板施工

（1）后浇带支撑体系：梁板后浇带采用独立的支撑体系，与主体架体一起搭设；主体模板拆除时，后浇带架体不拆，搭设同梁板支模架搭设。见图 2.2.2-51。

（2）施工缝侧模：断面必须垂直，严禁留成斜坡状；下垫软木条保证保护层厚度，立面挡板开豁口保证钢筋间距。见图 2.2.2-52～图 2.2.2-54。

图 2.2.2-51 后浇带支撑系统

图 2.2.2-52 后浇带模板图

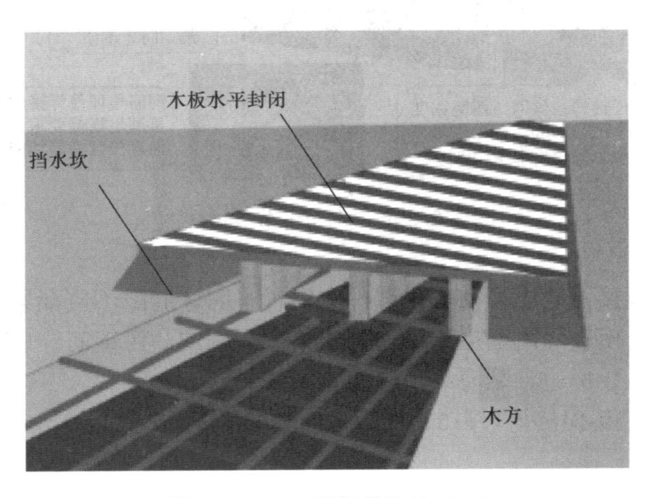

图 2.2.2-53 后浇带防护（一）

图 2.2.2-54　后浇带防护（二）

8. 构造柱模板

（1）构造柱模板应尽量选择较新模板使用，加固用螺杆在混凝土中穿过，与砌体交界处贴 3mm 泡沫双面胶防止漏浆。见图 2.2.2-55、图 2.2.2-56。

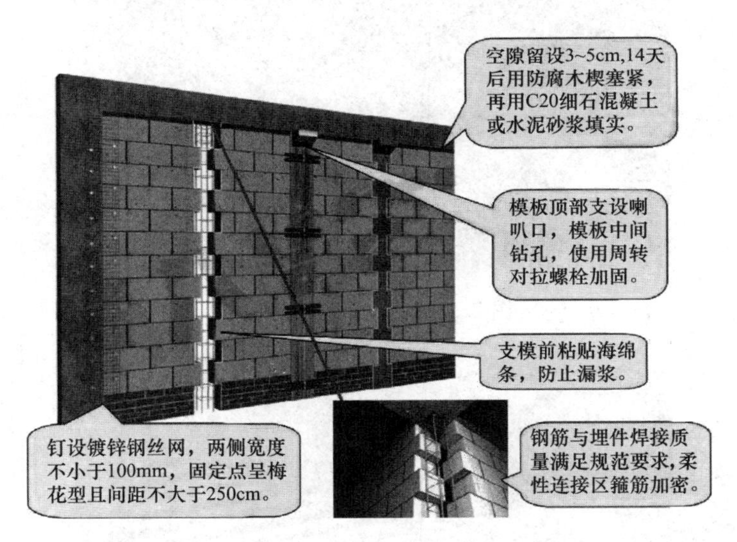

图 2.2.2-55　砌筑各节点做法图

（2）构造柱模板接缝处应严密，预埋件应安置牢固，缝隙不应漏浆。模板与混凝土的接触面应清理干净，模板隔离剂应涂刷均匀，不得漏刷或沾污钢筋。

（3）墙体预留马牙槎边粘贴海绵条，防止漏浆。

（4）对拉螺栓直径不应小于 $\phi16$，从距地面 30cm 开始，每隔 1m 设置一道，模板底部留置清扫口。

图 2.2.2-56 构造柱模板支设图

2.3 混凝土工程

2.3.1 混凝土原材料质量控制

检查混凝土浇灌申请单，检查其部位、强度等级是否符合设计要求。检查混凝土小票是否与申请单相符合，运送时间是否符合合同规定。

每车混凝土要检查其坍落度是否与申请的坍落度相符合。

检查分层浇筑的厚度是否符合规范要求。检查混凝土振捣是否充分；检查混凝土施工缝留设是否符合规范要求。

检查混凝土表面标高是否准确，平整度是否符合规范要求。检查混凝土养护是否及时，养护时间是否符合规范要求。

混凝土运输、输送、浇筑过程中严禁加水；混凝土运输、输送、浇筑过程中散落的混凝土严禁用于结构混凝土浇筑。见表 2.3.1-1。

检查项目 **表 2.3.1-1**

序号	检查项目	检查内容
1	配合比	强度等级、粉煤灰掺量与级别、外加剂用量、坍落度、快测强度、浇筑部位、单位、工程名称等

续表

序号	检查项目	检查内容
2	送货单	强度等级、方量、坍落度、出厂时间、车牌号等
3	坍落度	是否与配合比相符，和易性：流动性、粘聚性、保水性，最大坍落度控制在200mm以内（测试频率为三车一次）

图 2.3.1-1　混凝土原材料控制流程

2.3.2　施工准备

（1）泵管支架：泵管在已浇筑区域布置，需设置固定支架。见图 2.3.2-1。

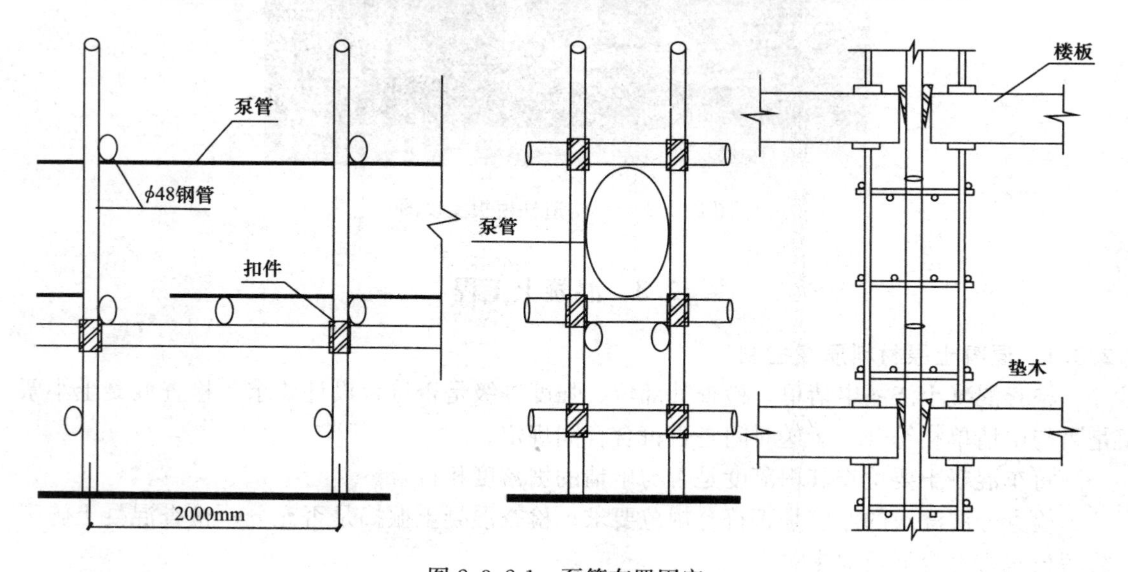

图 2.3.2-1　泵管布置固定

（2）泵管在待浇筑区域，混凝土泵管不准直接搁置在钢筋上，采用支架架空，支架支腿自带钢板垫片。布料杆必须另加支撑，不得与顶板支撑、外脚手架相连，必须单独架设支撑架，其底部木楞间距200mm，立杆间距600mm。见图 2.3.2-2、图 2.3.2-3。

（3）泵管保护：超高层施工时，泵压大，为防止泵管爆裂伤人，地面路边泵管采用麻袋覆盖铁丝扎实。见图 2.3.2-4。

（4）搭设浇筑通道：采用定制钢架或钢筋网片架设混凝土施工通道。见图 2.3.2-5、图 2.3.2-6。

图 2.3.2-2 待浇筑楼板泵管支架

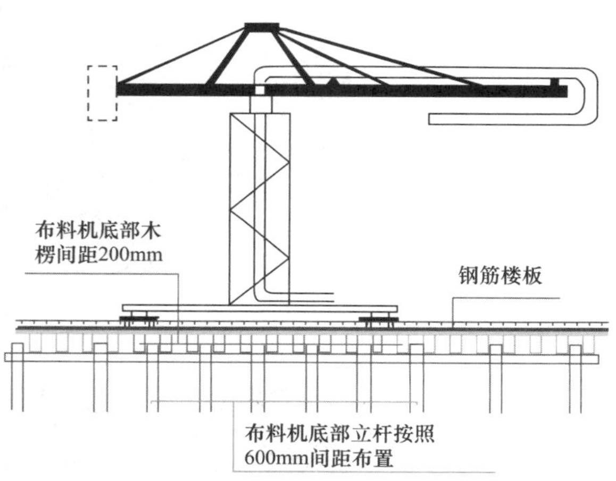

图 2.3.2-3 泵管固定架搭设

图 2.3.2-4 超高层泵管水平布置、竖向布置、截止阀

2.3.3 施工过程质量控制

(1) 混凝土运输、浇筑及间歇的全部时间不得超过混凝土初凝时间，当超过时应留置施工缝。混凝土运至浇筑地点时，核对强度并进行坍落度检测，同时按规定要求留置相应混凝土试块。见图 2.3.3-1、图 2.3.3-2。

(2) 墙柱混凝土浇筑前，应先铺 3～5cm 厚混凝土减石子砂浆或 1∶2 水泥砂浆，用铁锹均匀下料，砂浆铺放应按初凝时间掌握。墙柱超过 2m，必须采用两次或两次以上分层浇筑完成，采用串筒、溜槽、溜管或振动溜管使混凝土下落。见图 2.3.3-3、图 2.3.3-4。

图 2.3.2-5　浇筑通道（一）

图 2.3.2-6　浇筑通道（二）

图 2.3.3-1　混凝土坍落度检测

图 2.3.3-2 混凝土试块留置

图 2.3.3-3 结合面浇筑减石子砂浆

(3) 控制振动棒振捣次数与质量，振动棒插入点间距控制在 500mm 内，应避免碰撞钢筋、模板、预埋件等。控制好标高，避免浪费；同时应安排钢筋工及时恢复变形和位移的钢筋。有竖向构件钢筋时，通过钢筋上的结构 500mm 控制点拉线控制；没有竖向构件钢筋时，临时点焊 $\phi16$ 以上竖向钢筋，并抄测 500mm 控制点拉线控制；在混凝土找平过程中，采用水准仪动态跟踪测量。见图 2.3.3-5。

图 2.3.3-4 混凝土分层浇筑振捣

图 2.3.3-5 标高控制

（4）混凝土收面：楼板混凝土振捣完毕后，拉线控制标高，用 4m 长刮杠刮平。用抹光机抹平或用抹子搓压二次收面，时间不得过早或过晚，控制楼板混凝土表面裂缝。墙根两侧、柱根四周 200mm 范围内应刮平压光，标高及平整度偏差控制在 3mm 范围内，防止烂根现象。见图 2.3.3-6、图 2.3.3-7。

图 2.3.3-6 收面步骤（一）

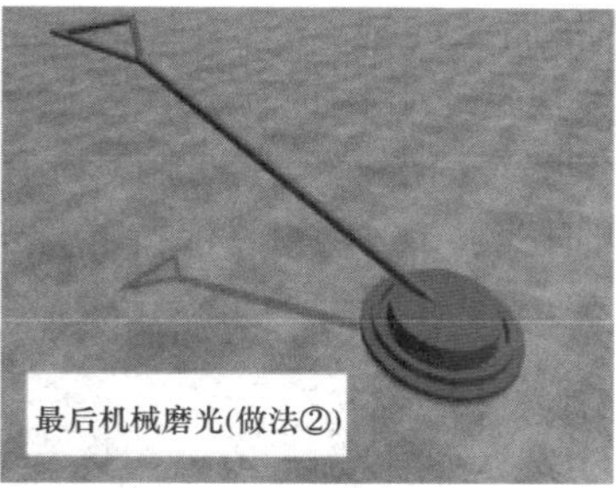

图 2.3.3-6　收面步骤（二）

图 2.3.3-7　墙柱根人工收面

（5）墙柱混凝土施工缝处理：柱根在楼板部位的施工缝应先在弹模板位置线，沿墙、柱根部外廓尺寸线向内 5mm 用砂轮切割机切齐，保证接缝质量，割线以内进行凿毛处理，以剔除浮浆露出粗骨料为宜。见图 2.3.3-8。

图 2.3.3-8　混凝土施工缝弹线、切割、凿毛

2.3.4　混凝土养护质量控制

混凝土浇筑完成后 12h 内进行浇水养护（收面后宜采用塑料薄膜覆盖养护），夏季应增加浇水次数并保证表面湿润，冬期施工应有保温防冻措施（可采用麻袋片、薄膜或彩条布覆盖），养护期不少于 14d，始终保持混凝土表面湿润。见图 2.3.4-1、图 2.3.4-2。

图 2.3.4-1　覆膜养护

图 2.3.4-2　淋水养护

2.3.5　混凝土检查验收

混凝土结构实测实量合格率指标必须达到 90%以上，在墙柱混凝土在拆模后 1d 内进行、楼板混凝土终凝后半天内进行、顶板混凝土底模拆除后 1d 内完成。实测实量应在检测部位标识检测印章，并填写检测数据、检测时间、检测人员内容等，现场应在主要通道悬挂实测实量公示牌。见图 2.3.5-1、图 2.3.5-2。

2.3.6　成品保护

（1）混凝土浇筑完成后，楼板达到 1.2MPa 后才允许上人（12h 左右，行走不留脚印），每平方米荷载不超过 150kg。

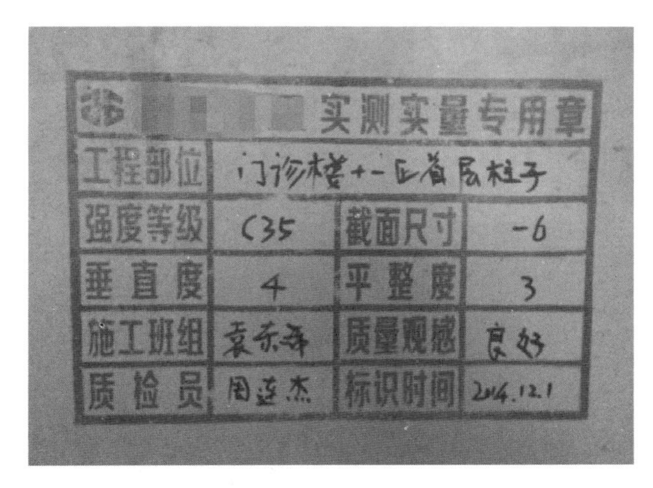

图 2.3.5-1 实测实量现场标识牌

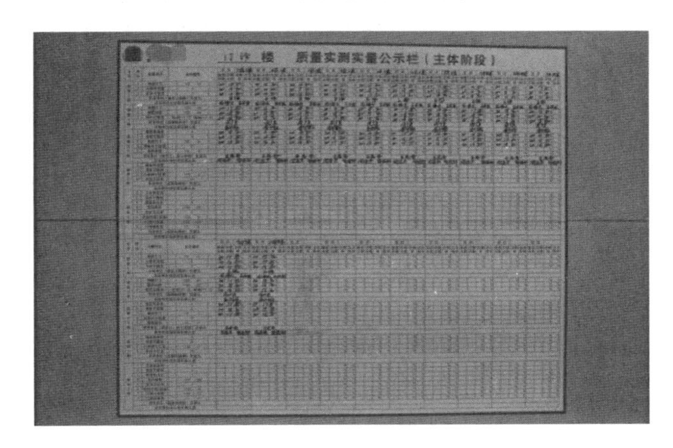

图 2.3.5-2 实测实量公示牌

（2）墙柱角、楼梯踏步阳角等部位用保护条保护，保护条由模板边角料制作，并涂刷白红颜色。见图 2.3.6-1、图 2.3.6-2。

图 2.3.6-1 楼梯成品保护

图 2.3.6-2　柱成品保护

2.4　装配式结构

2.4.1　预制构件进场质量验收

1. 预制构件应在明显部位标明生产单位、构件型号、生产日期和质量验收标志。构件上的预埋件、插筋和预留孔洞的规格、位置和数量、螺杆接驳器、标高调节点、连接板固定螺栓和预留孔洞的规格、位置、距离和数量应符合设计的要求；进入现场的预制构件应检查构件出厂合格证、型式检验报告、现场抽样检测报告；抽检外观质量、钢筋间距等。见图 2.4.1-1、图 2.4.1-2。

图 2.4.1-1　结构性能检验

图 2.4.1-2 结构性能检验

2. 进场的混凝土预制构件和部件外观质量不得有严重缺陷。预制构件的外观质量要求及检查方法。见表 2.4.1-1。

允许偏差及检查方法 **表 2.4.1-1**

项目		允许偏差（mm）	检验方法
长度	楼板、梁、柱、梯段板	±5	钢尺检查
	墙板	±4	
宽度、高（厚）度	楼板、梁、柱、梯段板	±5	钢尺量一端及中部，取其偏差绝对值中较大值
	墙板	±4	
表面平整度	楼板、梁、柱、墙板内表面	5	2m 靠尺和塞尺量测
	墙板外表面	3	
侧向弯曲	楼板、梁、柱	$L/750$ 且≤20	拉线、直尺量测最大侧向弯曲处
	墙板、梯段板	$L/1000$ 且≤20	
翘曲	楼板	$L/750$	调平尺在两端量测
	墙板	$L/1000$	
对角线	楼板	10	尺量两个对角线
	墙板	5	
露筋	楼板、梁、柱	不应有	对构件各个面进行目测
蜂窝	楼板、梁、柱	不允许	对构件每个面进行目测然后用尺量出尺寸
其他	麻面、掉角、饰面空鼓、起砂、起皮、漏抹、裂缝	不允许	对构件各个面进行目测

3. 预制构件与后浇混凝土、灌浆料、接浆材料的结合面应设置粗糙面、键槽。见表 2.4.1-2。

键槽 **表 2.4.1-2**

键槽	中心线位置	5	尺量检查
	长度、宽度、深度	±5	

4. 构件上的预埋件、插筋和预留孔洞的规格、位置和数量应符合设计要求。见表 2.4.1-3。

预埋件、插筋和预留孔洞要求 **表 2.4.1-3**

预留孔	中心线位置	5	尺量
	孔尺寸	±5	
预留洞	中心线位置	10	尺量
	洞口尺寸、深度	±10	
预埋件	预埋板中心线位置	5	尺量检查 靠尺和塞尺检查
	预埋板与混凝土面高差	0，−5	
	预埋螺栓	2	
	预埋螺栓外露长度	+10，−5	
	预埋套筒、螺母中心线位置	2	
	预埋套筒、螺母与混凝土面平面高差	±5	
预留插筋	中心位置	5	尺量检查
	外露长度	+10，−5	

5. 灌浆套筒进厂验收外观质量、标识和尺寸偏差；灌浆料进场时，应对灌浆料拌合物 30min 流动度、泌水率及 3d 抗压强度、28d 抗压强度、3h 竖向膨胀率、24h 与 3h 竖向膨胀率差值检验。

6. 施工前，应模拟施工条件制作 3 个对中接头试件和不少于 1 组的灌浆料强度试件，接头试件及灌浆料试件均应标养 28d；接头工艺检验的内容为接头试件的抗拉强度、屈服强度及残余变形，灌浆料抗压强度；施工过程中，当更换钢筋生产企业，或同生产企业生产的钢筋外形尺寸与已完成工艺检验的钢筋有较大差异时，应再次进行工艺检验。见图 2.4.1-3。

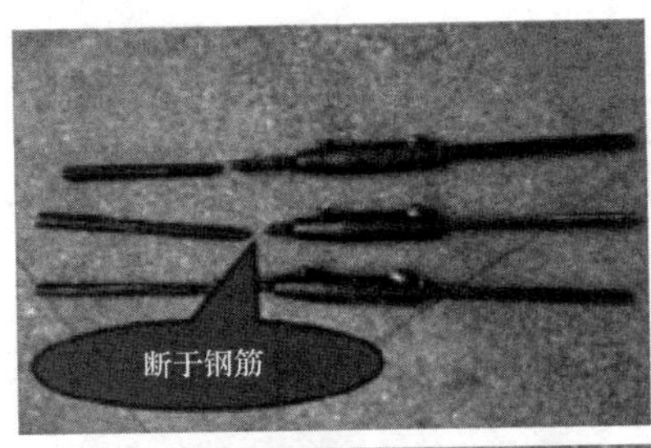

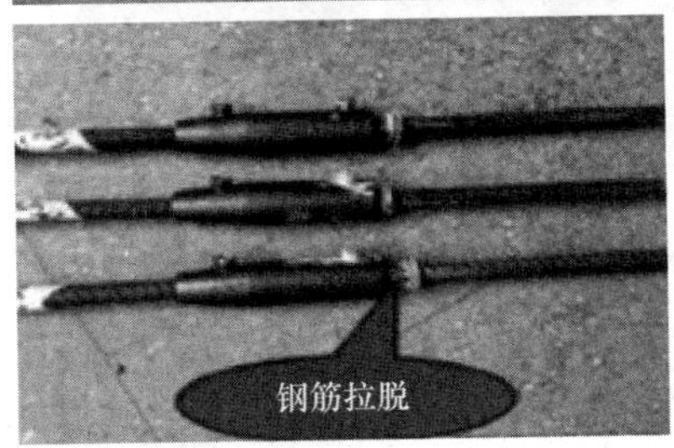

图 2.4.1-3 灌浆套筒工艺检验

7. 灌浆套筒进厂（场）接头力学能检验。灌浆套筒进厂（场）时，按不超过 1000 个灌浆套筒为一批，每批随机抽取 3 个灌浆套筒制作对中连接接头试件标养 28d，并进行抗拉强度检验。此项检验不可复检。

2.4.2 构件吊装

1. 预制构件应采用慢起、稳升、缓放，起吊过程中构件应保持平稳，不得出现倾斜和扭转。起吊时绳索或吊带与构件水平面夹角不宜小于 60°，吊装前应根据构件自重情况对吊架、绳索或吊带等进行受力验算。就位前通过缆风绳调整构件在空中位置和方向。见图 2.4.2-1、图 2.4.2-2。

2. 楼板浇筑前，现场预埋钢筋使用定位钢板控位。楼板浇筑过程中用定位钢板控制预埋钢筋位移情况；预制构件吊装前用定位钢板对钢筋进行校验。见图 2.4.2-3。

3. 预制构件就位前，应确定钢筋连接、构件控制线位置无误后方可缓慢下降到预定位置。见图 2.4.2-4、图 2.4.2-5。

图 2.4.2-1 吊装前水平调整

图 2.4.2-2 吊装时缆风绳配合

图 2.4.2-3 定位钢板的使用

图 2.4.2-4　预制构件安装（一）

图 2.4.2-5　预制构件安装（二）

4. 墙板吊装、安装临时支撑、检查平整度、垂直度，调整后固定。见图 2.4.2-6。

5. 构件根部采用泡沫棒塞缝、外侧用模板封闭。见图 2.4.2-7、图 2.4.2-8。

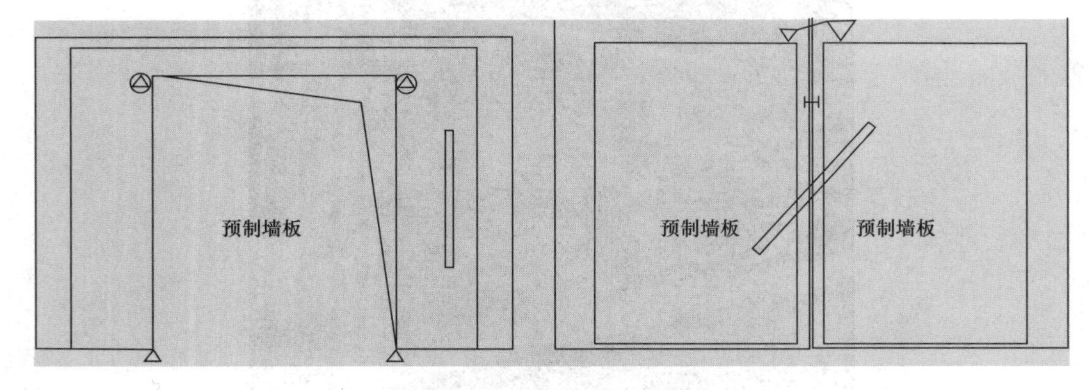

图 2.4.2-6　临时检查点位置

注：△代表临时位置检查点或标高检查点，/代表平整度检查点。

图 2.4.2-7 竖向构件根部塞缝（一）

图 2.4.2-8 竖向构件根部塞缝（二）

6. 对于首次施工，宜选择有代表性的单元或部位进行试制作、试安装、试灌浆。套筒灌浆连接应采用由接头型式检验确定的相匹配的灌浆套筒、灌浆料。套筒灌浆连接施工应编制专项施工方案。灌浆施工的操作人员应经专业培训合格后上岗；灌浆料抗压强度、流动性、竖向膨胀率等指标经抽样检测应符合《水泥基灌浆料材料应用技术规范》GB/T 50448、《钢筋连接用套筒灌浆料》JG/T 408 的要求。见图 2.4.2-9、图 2.4.2-10。

7. 灌浆施工：专职检验人员负责现场监督并及时形成施工检查记录。灌浆施工时，环境温度应符合灌浆料产品使用说明书要求；环境温度低于 5℃时不宜施工；当环境温度高于 30℃时，应采取降低灌浆料拌合物温度的措施。对竖向钢筋套筒灌浆连接，应采用压浆法从下灌浆孔注入，当灌浆料拌合物从其他灌浆孔、出浆孔流出后应及时封堵。采用连通腔灌浆时，宜采用一点灌浆的方式；当需要改变灌浆点时，各灌浆套筒已封堵灌浆孔、出浆孔应重新打开，待灌浆料拌合物再次流出后进行封堵。灌浆施工中，每工作班取样不得少于 1 次，每楼层取样不得少于 3 次，每次抽取 1 组试件标养 28d 后进行抗压强度试验。见图 2.4.2-11。

图 2.4.2-9　灌浆料检测（一）

图 2.4.2-10　灌浆料检测（二）

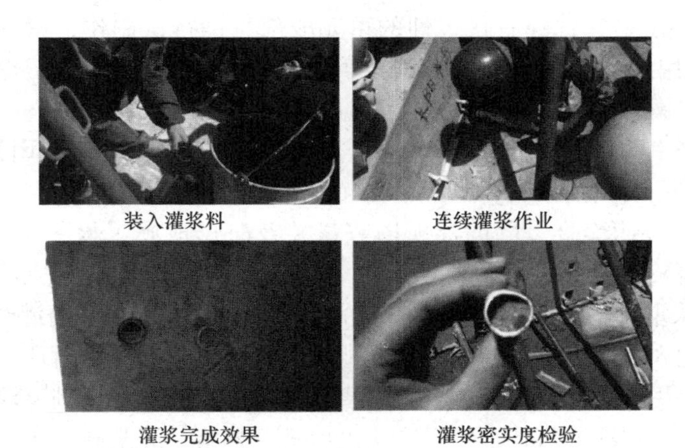

装入灌浆料　　连续灌浆作业

灌浆完成效果　　灌浆密实度检验

图 2.4.2-11　灌浆料施工顺序

2.4.3 装配式混凝土结构连接节点

1. 装配式结构中构件的接头和拼缝，应符合设计要求，当设计无具体要求时，应符合承受内力的接头和拼缝，应采用混凝土浇筑，其强度等级应比构件混凝土强度等级提高一级。见图 2.4.3-1、图 2.4.3-2。

图 2.4.3-1 预制构件钢筋搭接、拼缝（一）

图 2.4.3-2 预制构件钢筋搭接、拼缝（二）

2. 对不承受内力的接头和拼缝，应采用混凝土或砂浆浇筑，其强度等级不应低于 C15 或 M15。外墙板间拼缝宽度应不小于 15mm 且不大于 20mm；叠合板的最大拼缝间隙应小于 1/750 且小于等于 10mm。见图 2.4.3-3、图 2.4.3-4。

3. 叠合梁与墙、柱连接节点：安装叠合梁的柱间距、主梁和次梁尺寸应符合设计要求。叠合梁的搁置长度应符合设计要求，轴线位置正确。见图 2.4.3-5。

4. 装配整体式墙板连接节点：夹心自保温剪力墙板、自保温叠合墙板、叠合墙板的竖向和水平拼缝采用现浇方式连接时，钢筋的品种、规格、数量应符合设计要求。见图 2.4.3-6。

图 2.4.3-3　不承受内力的拼缝

图 2.4.3-4　叠合板拼接

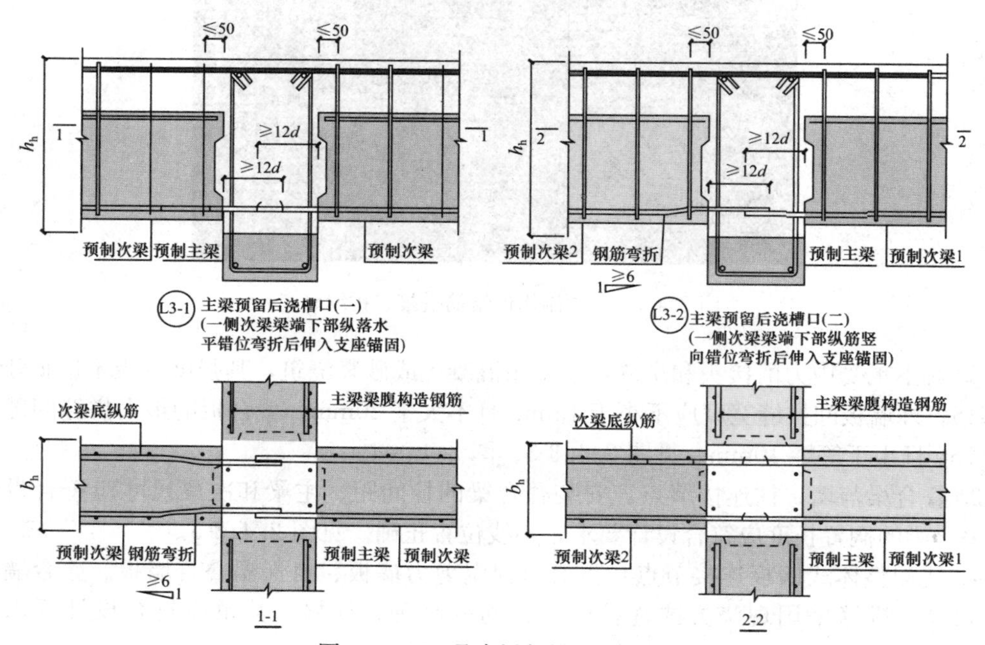

图 2.4.3-5　叠合梁与柱连接节点

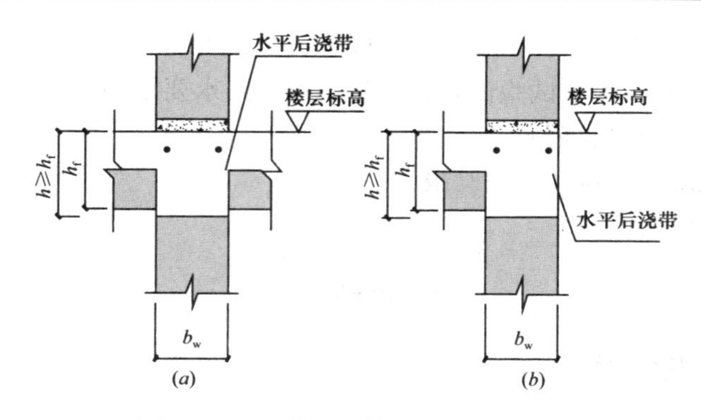

图 2.4.3-6 装配整体式墙板连接节点
(*a*) 中间节点；(*b*) 端部节点

5. 叠合梁、叠合板钢筋安装位置的偏差应符合表 2.4.3-1。

叠合梁、叠合板钢筋安装允许偏差　　表 2.4.3-1

项目			允许偏差（mm）	检查方法
绑扎钢筋网	长、宽		±10	钢尺检查
	网眼尺寸		±15	钢尺量连续三档，取最大值
受力钢筋	间距		±10	钢尺量两端中间，各一点取最大值
	排距		±5	
	保护层厚度	柱、梁	±5	钢尺检查
		板、墙、壳	±3	钢尺检查
绑扎箍筋、横向钢筋间距			±15	钢尺量连续三档，取最大值
钢筋弯起点位置			15	钢尺检查

7. 预制阳台、楼梯、空调板安装允许偏差不应超过表 2.4.3-2 规定。

预制阳台、楼梯、空调板安装允许偏差　　表 2.4.3-2

项目	允许偏差（mm）	检验方法
水平位置偏差	5	钢尺检查
标高偏差	±5	钢尺检查
平整度偏差	4	2m 靠尺和塞尺检查
搁置长度偏差	5	钢尺检查

2.4.4 装配式混凝土结构子分部工程验收时，应该提交下列资料和记录

（1）工程设计文件、预制构件制作和安装的深化设计图、设计变更文件。
（2）装配式混凝土结构工程专项施工方案。
（3）预制构件出厂合格证、相关性能检验报告及进场验收记录。
（4）主要材料及配件质量证明文件、进场验收记录、抽样复检报告。
（5）预制构件安装记录验收报告。
（6）钢筋套筒灌浆或钢筋浆锚搭接连接的施工检验报告。
（7）隐蔽工程检查验收文件。

（8）后浇混凝土、灌浆料、坐浆材料强度等检验报告。

（9）外墙淋水试验、喷水试验记录；卫生间等有防水要求的房间蓄水试验记录。

（10）分项工程质量验收记录。

（11）装配式混凝土结构实体检验报告。

（12）其他文件和记录。

2.5　钢结构工程

2.5.1　钢结构材料进场验收

1. 钢材

（1）钢材、钢铸件的品种、规格、性能应进行全数检查，检查方法：检查质量合格证明文件、中文标志及检验报告等。见图 2.5.1-1。

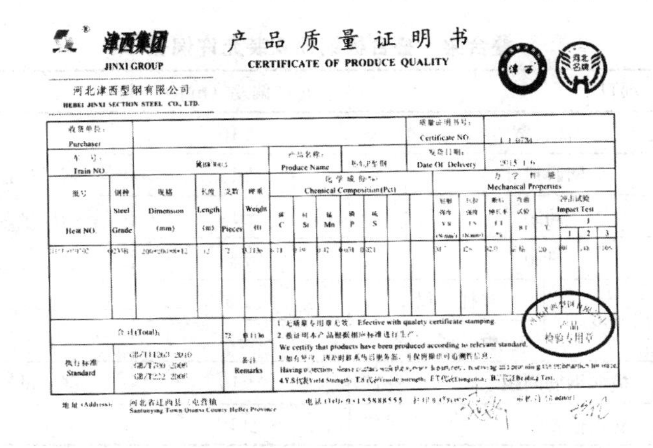

津西集团 JINXI GROUP　产品质量证明书 CERTIFICATE OF PRODUCE QUALITY

河北津西型钢有限公司 HEBEI JINXI SECTION STEEL CO., LTD.

收货单位： Purchaser		质量证明书号： Certificate NO	
车号： Train NO		产品名称： Produce Name	发货日期： Date Of Delivery

批号 Heat NO.	钢种 Steel Grade	规格 Dimension (mm)	长度 Length (m)	支数 Pieces	重量 Weight (t)	化学成份% Chemical Composition(Pct) C	Si	Mn	P	S	力学性能 Mechanical Properties YS	TS	EL	BT	冲击试验 Impact Test
[illegible]	Q235B	[illegible]	12	72	[illegible]	[illegible]	[illegible]	[illegible]	[illegible]	[illegible]	[illegible]	[illegible]	[illegible]	[illegible]	[illegible]
合计(Total):				72	[illegible]										

执行标准 Standard：GB/T 11263—2010　GB/T 700—2006　GB/T 222—2006

备注 Remarks：
1. 无质量专用章无效。Efective with qualety certificate stamping
2. 兹证明本产品根据相应标准进行生产。We certify that products have been produced according to relevant standard.
3. [illegible]
4. Y.S代表Yield Strength；T.S代表Tensile strength；E.T代表Elongation；B.T代表Bending Test.

产品检验专用章

地址（Address）：河北省迁西县三屯营镇 Santunying Town Qianxi County HeBei Province

图 2.5.1-1　钢材进场质量合格证明文件

（2）对国外进口钢材、钢材混批、板厚等于或大于 40mm，且设计有 Z 向性能要求的厚板、建筑安全等级为一级，大跨度钢结构中主要受力构件用的钢材、设计有要求、质量有疑义的钢材应进行进场复试。见图 2.5.1-2。

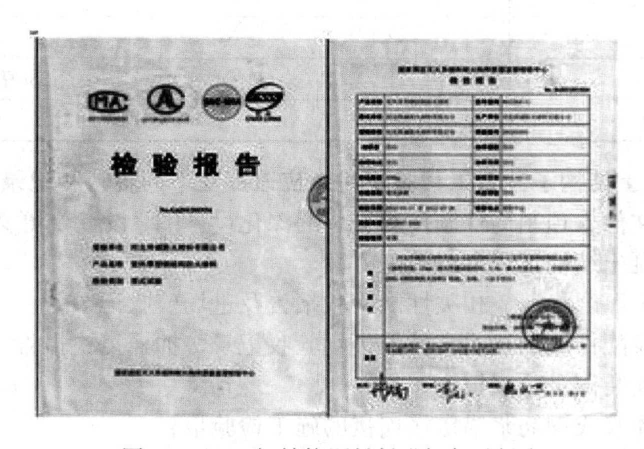

检验报告

图 2.5.1-2　钢结构原材料进场复试报告

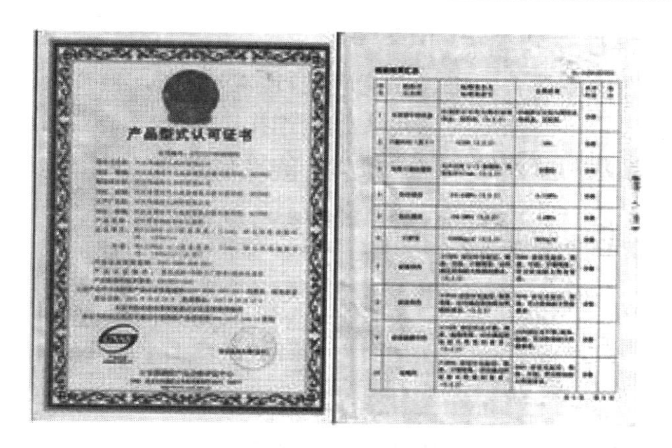
产品型式认可证书

图 2.5.1-2 钢结构原材料进场复试报告（续图）

2. 焊接材料

（1）焊接材料的品种、规格、性能应进行全数检查，检查方法：焊接材料的质量合格证明文件中文标志及检验报告。见图 2.5.1-3。

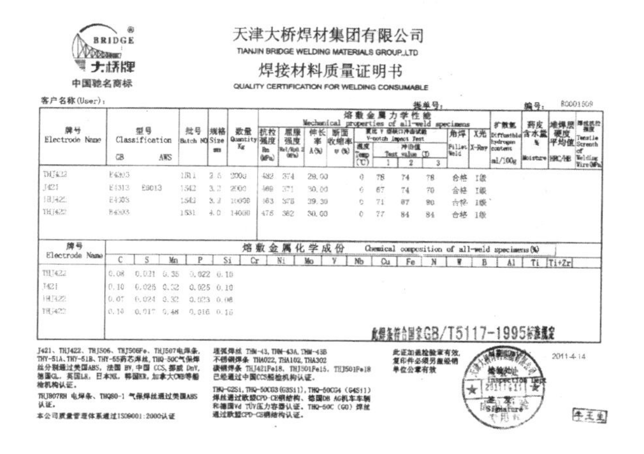
大桥牌 BRIDGE 中国驰名商标

天津大桥焊材集团有限公司
TIANJIN BRIDGE WELDING MATERIALS GROUP.,LTD
焊接材料质量证明书
QUALITY CERTIFICATION FOR WELDING CONSUMABLE

客户名称(User)：　　　　提单号：　　　　编号：R0001509

牌号 Electrode Name	型号 Classification GB	AWS	批号 Batch NO	规格 Size mm	数量 Quantity Kg	抗拉强度 Rm (MPa)	屈服强度 Rel/Rp0.2 (MPa)	伸长率 A(%)	断面收缩率 ψ(%)	夏比V型缺口冲击试验 V-notch Impact Test 温度 Temp (℃)	冲击值 Test value (J) 1	2	3	角焊 Fillet Weld	X光 X-Ray	扩散氢 Diffusible hydrogen content ml/100g	药皮含水量 % Moisture	堆焊层硬度平均值 HRC/HB	焊丝抗拉强度 Tensile Strength of Welding Wire (MPa)
THJ422	E4303		1511	2.5	2000	482	374	28.00		0	78	74	78	合格	I级				
J421	E4313	E6013	1542	3.2	2000	469	371	30.00		0	67	74	70	合格	I级				
THJ422	E4303		1543	3.2	10000	463	375	39.30		0	71	87	90	合格	I级				
THJ422	E4303		1531	4.0	14000	475	382	30.00		0	77	84	84	合格	I级				

熔敷金属化学成份 Chemical composition of all-weld specimens(%)

牌号 Electrode Name	C	S	Mn	P	Si	Cr	Ni	Mo	V	Nb	Cu	Fe	N	W	B	Al	Ti	Ti+Zr
THJ422	0.08	0.021	0.35	0.022	0.10													
J421	0.10	0.025	0.32	0.025	0.10													
THJ422	0.07	0.024	0.32	0.023	0.08													
THJ422	0.10	0.017	0.48	0.016	0.15													

此焊条符合国家GB/T5117-1995标准规定

J421、THJ422、THJ506、THJ506Fe、THJ507电焊条，THY-51A、THY-51B、THY-55药芯焊丝，THQ-50C气保焊丝分别通过美国ABS，法国BV，中国CCS，挪威DnV，德国GL，英国LR，日本NK，韩国KR，加拿大CWB等船检机构认证。

THJ507RH 电焊条、THQ80-1 气保焊丝通过美国ABS认证。

本公司质量管理体系通过ISO9001：2000认证

埋弧焊丝 THM-43，THM-43A，THM-43B
不锈钢焊条 THA022，THA102，THA302
碳钢焊条 THJ421Fe18，THJ501Fe15，THJ501Fe18
已经通过中国CCS船检机构认证。

THQ-G2Si，THQ-50CG3(G3Si1)，THQ-50CG4（G4Si1）焊丝通过欧盟CPD-CE钢结构、德国DB AG机车车辆和德国Vd TÜV压力容器认证。THQ-50C（G0）焊丝通过欧盟CPD-CE钢结构认证。

此证加盖检验章有效，复印件必须另盖经销单位公章有效

检验处 Inspection Dept
Signature
2011-4-14

图 2.5.1-3 焊接材料质量合格证明文件

（2）重要部位的焊接材料应进行复验。见图 2.5.1-4。

图 2.5.1-4 钢结构焊丝

3. 连接用紧固标准件

连接用紧固标准件的品种、规格、性能应进行全数检查，检查方法：质量合格证明文件、中文标志及检验报告；高强度大六角头螺栓连接副和扭剪型高强度螺栓连接副出厂时应分别随箱带有扭矩系数和紧固轴力（预拉力）的检验报告。见图 2.5.1-5。

高强度大六角螺栓连接副检测报告

报告编号(No. of Report)：BETC-CL2-2009-803　　Tab

委托单位 Truster				
地址 ADD		—	电话 Tel	—
样品 Sample	名称 Name	钢结构用高强度大六角头螺栓连接副	状态 State	正常
	规格型号 Type/Model	GB/T1228-1230　M20×85	商标 Brand	—
生产单位 Manufacturer		—		
送样/抽样日期 Date ofdelivery/Sampling		2009年08月03日	地点 Place	
工程名称 Name of engineering				
检验 Test	项目 Item	高强度大六角螺栓连接副	数量 Quantity	6副
	地点 Place		日期 Date	2009年08月03日
	使用仪器 Instrument used	YJZ-500S 高强螺栓轴力扭矩复合检测仪		

检测数据 Test data

螺栓化学成分 Chemical Composition of Bolts

化学成分 Chemical composition	碳C	硅Si	锰Mn	磷P	硫S	铬Cr
标准值 Standard value	0.37~0.44	0.17~0.37	0.50-0.80	≤0.035	≤0.035	0.80~1.10
实测值 Actual value	0.42	0.28	0.71	0.017	0.019	0.89

试件拉力试验 Tensile Testing of Specimens

机械性能 Mechanical Performance	抗拉强度 σb Mpa Tensile trength	屈服强度 σ0.2Mpa Yield strenght	延伸率 σ5 Elongation rate	收缩率 ψ% Shrinkage rate
标准值 Standard value	1040~1240	≥940	≥10	≥42
实测值 Actual value	1210	1042	13	46

强条

图 2.5.1-5　高强度大六角头螺栓连接副检测报告

2.5.2　钢结构连接

1. 钢结构焊接控制项目：

(1) 焊工资质焊工应具有相应的合格证书，包括 ZC、AWS 所颁发的资格证书，并在有效期内，焊工应具备全位置焊接水平。严禁无证上岗，或者低级别焊高级别。见图 2.5.2-1。

图 2.5.2-1　焊工证实例图

（2）对所有从事本工程焊接的焊工进行技术培训考核，主要根据焊接节点型式、焊接方法以及焊接操作位置，以达到工程所需的焊接技能水平。在超高空环境下，对焊工的素质提出了更高的要求。所以还必须针对性地进行高空焊接培训，从而适应现场环境的需要，提高焊接质量。见图 2.5.2-2。

图 2.5.2-2　焊工考核实例图

（3）焊接工艺评定：焊接前应编制焊接工艺文件，并应包括以下内容：

焊接方法或焊接方法的组合；母材的规格、牌号、厚度及覆盖范围；填充金属的规格、类别和型号；焊接接头形式、坡口形式、尺寸及其允许偏差；焊接位置；焊接电源的种类和极性；清根处理；焊接工艺参数（焊接电流、焊接电压、焊接速度、焊层和焊道分布）；预热温度及道间温度范围；焊后消除应力处理工艺；其他必要的规定。见图 2.5.2-3～图 2.5.2-5。

图 2.5.2-3　焊接坡口打磨

（4）设计要求全焊透的一二级焊缝应采用超声波探伤进行内部缺陷的检验，超声波探伤不能对缺陷作出判断时，应采用射线探伤。检查方法与数量：检查超声波或射线探伤记录，数量为全数检查。见图 2.5.2-6。

图 2.5.2-4　焊接工艺试焊焊前预热

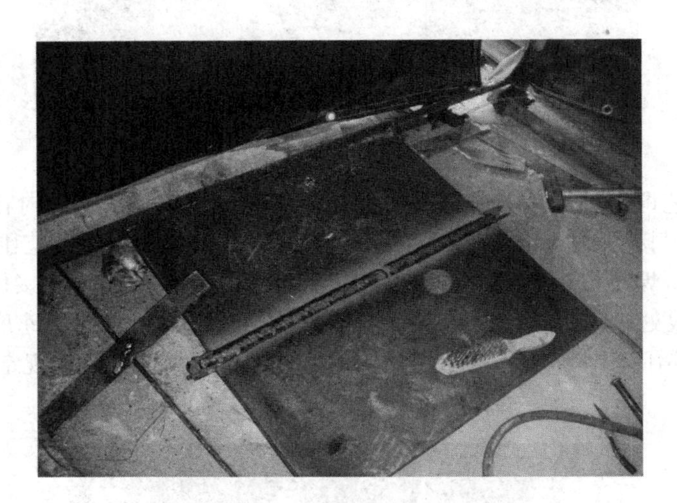

图 2.5.2-5　焊接工艺试焊完成

图 2.5.2-6　焊缝超声波探伤检测

（5）焊缝外观质量要求：焊缝表面不得有裂纹焊瘤等缺陷，一级二级焊缝不得有表面气孔、夹渣、弧坑、裂纹、电弧擦伤等缺陷且一级焊缝不得有咬边、未焊满、根部收缩等缺陷。见图 2.5.2-7。

图 2.5.2-7　焊缝实例图

（6）焊接顺序

1）构件焊接采用对称焊接法施焊时，由双数焊工同时进行。有偏差的地方，应按向左倒、右先焊，向右倒、左先焊的原则。长焊缝采用由中间向两端的分中焊接法及分中步退焊法。也可由数名焊工分段同时进行。厚板坡口焊接采用多道多层焊，不采用阔焊道法。见图 2.5.2-8。

2）十字形柱焊接：由两名焊工先对称焊完翼缘板，然后由一人焊接腹板，（较大截面可两人在同时焊接腹板）。H 形柱焊接：由两名焊工先对称焊完两翼缘板，然后由一人焊接腹板，（较大截面可两人在同时焊接腹板）。见图 2.5.2-9。

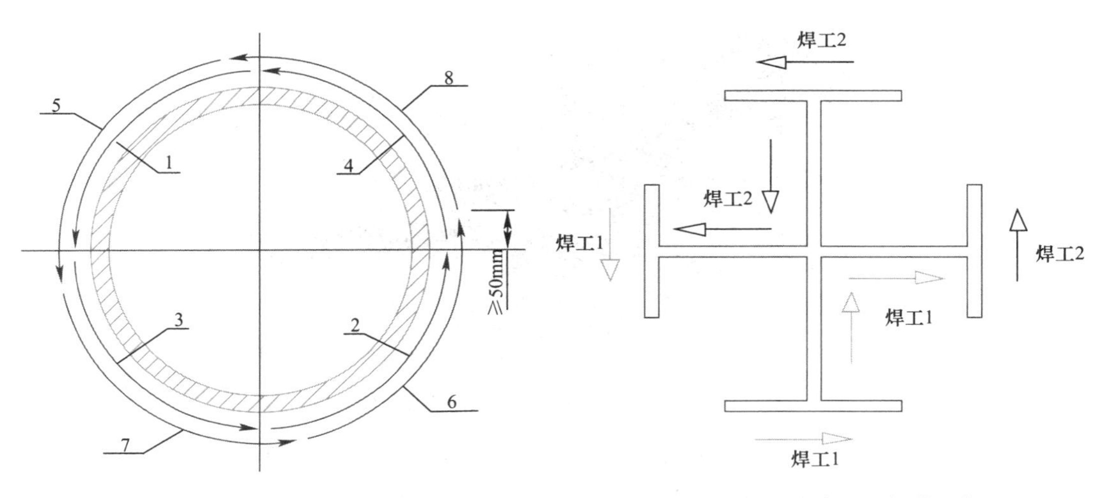

图 2.5.2-8　圆形柱焊接示意图

图 2.5.2-9　十字形柱焊接示例

3）H形梁→梁焊接：应采用先焊下翼缘，后焊上翼缘，翼板厚度大于30mm的采用上下翼缘轮换施焊。翼缘板焊完后焊腹板，采用栓焊混合连接的钢梁，应先栓后焊。见图2.5.2-10。

4）箱形（钢管）柱焊接：由两名焊工对称焊接，焊接采用对称焊接，焊接方式、参数、均一致，每条焊缝分层焊接，每层连续不间断焊完，每层接茬应错开间距不小于50mm。见图2.5.2-11。

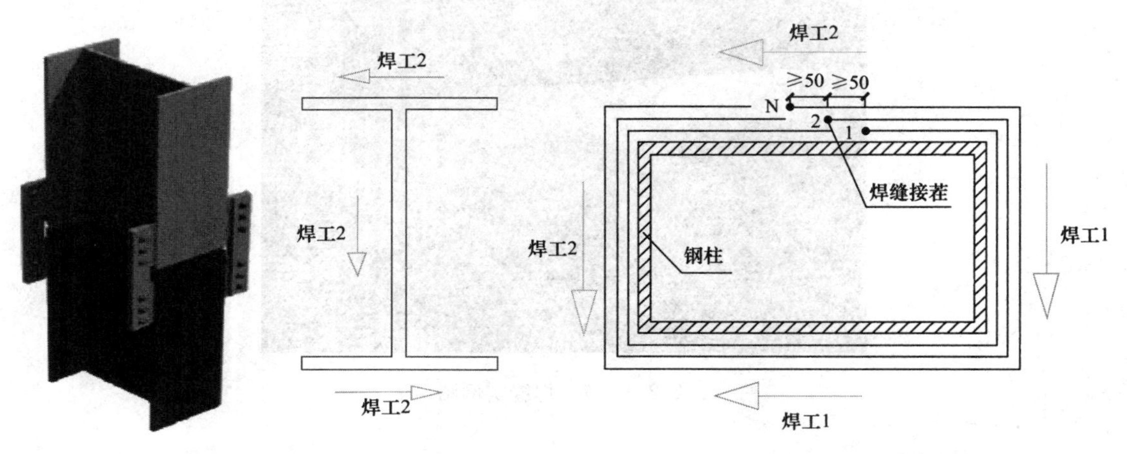

图2.5.2-10 H形柱焊接示例　　图2.5.2-11 箱形柱焊接示例

2. 高强度螺栓连接控制项目

（1）钢结构制作和安装单位分别进行高强度螺栓连接摩擦面的抗滑移系数试验和复验，现场处理的构件摩擦面应单独进行摩擦面抗滑移系数试验其结果应符合设计要求。见图2.5.2-12。

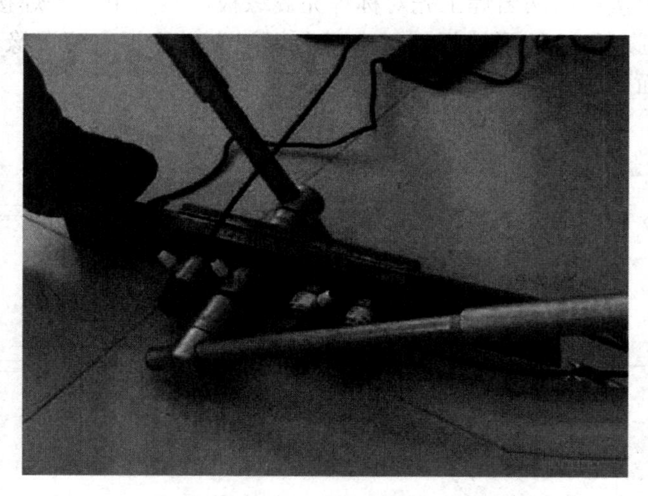

图2.5.2-12 高强度螺栓连接摩擦面的抗滑移系数试验

（2）高强度大六角头螺栓连接副终拧完成1h后48h内应进行终拧扭矩检查，检查数量：按节点数抽查10%且不应少于10个，每个被抽查节点按螺栓数抽查10%且不应少于2个。见图2.5.2-13。

图 2.5.2-13 扭矩检查

2.5.3 钢结构安装

1. 地脚螺栓的预埋

(1) 在施工底部垫层混凝土时，在钢柱柱脚的垂直投影位置预埋钢板，以用于固定钢支架。根据定位测量所确定的各个钢柱的定位轴线的位置；放置地脚预埋螺栓的钢支架系统，将钢支架系统的定位线对正测量定位点，并利用预埋好的垫层中预埋铁加以固定。支架固定好后，重新进行测量定位。在钢支架顶面上弹出定位，中心线以备预埋螺栓的准确固定。

(2) 在固定好的钢支架上，根据定位线搁置地脚螺栓定位模板，调整精确定位后焊接固定。再将预埋螺栓穿入定位模板的螺栓孔内。在钢筋绑扎完后，再次对钢柱预埋螺栓的位置及标高进行精确的定位，并辅以加固。

(3) 混凝土浇筑前对外露锚栓螺纹应抹黄油并用塑料布包裹严密。见图 2.5.3-1。

图 2.5.3-1 地脚螺栓的预埋

2. 钢柱安装

(1) 钢柱安装前应对下一节钢柱的标高与轴线进行复验，发现误差超过规范，应立即修正。每节柱的定位轴线应从地面控制轴线引上来，不得从下层柱的轴线引出。

（2）一般钢柱采用两点就位，一点吊装。钢柱安装就位后，先调整标高，再调整钢柱根部位移，最后调整垂直偏差。吊装时，单机回转法起吊，起吊前钢柱应横放在枕木上，起吊时不得使钢柱在地面上有拖拉现象，钢柱起吊必须距地面 2m 以上且高过附近其他物体才可以回转。见图 2.5.3-2、图 2.5.3-3。

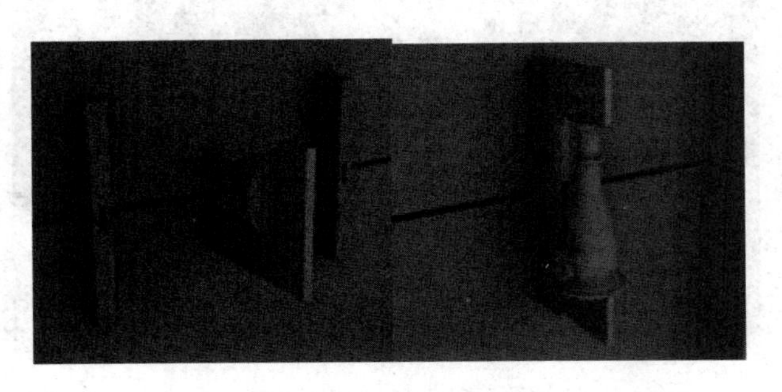

图 2.5.3-2　钢柱安装柱口错口及倾斜校正示意图

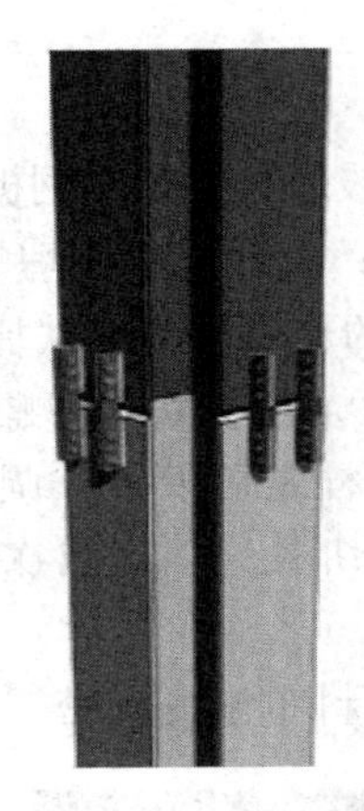

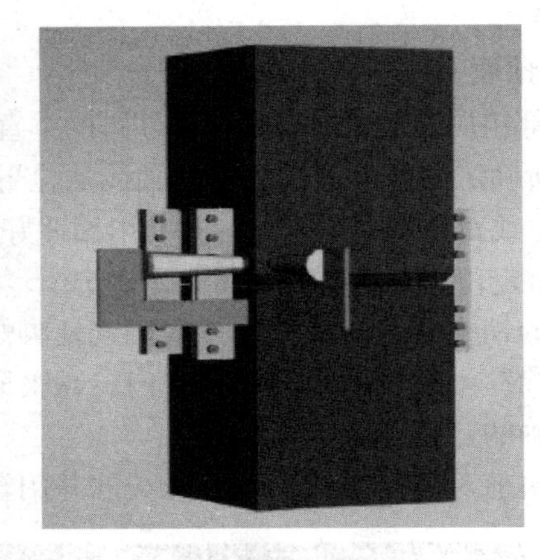

图 2.5.3-3　钢柱安装示意图

3. 钢梁安装

（1）当钢梁徐徐下落到接近安装部位时，起重工方可伸手去触及梁，并用带圆头的撬棍穿眼、对位，先用普通的安装螺栓进行临时固定。

（2）次梁穿高强螺栓时，必须用过眼样冲将高强螺栓孔调整到最佳位置，而后穿入高强螺栓，不得将高强螺栓强行打入，以防损坏高强螺栓，影响结构安装质量。

（3）高强螺栓初拧、复拧、终拧：调整好钢梁的轴线及标高后，用高强螺栓换掉用来进行临时固定的安装螺栓。一个接头上的高强螺栓应从螺栓群中部开始安装，逐个拧紧。初拧、扭矩检查。复拧、终拧都应从螺栓群中部向四周扩展逐个拧紧，每拧一遍均用不同颜色的油漆做上标记，防止漏拧。终拧 1h 后、48h 内进行终拧。见图 2.5.3-4。

4. 钢梁与预埋钢板连接安装

当钢筋绑扎到埋件位置时，进行预埋件的测量放线及埋件初步固定。埋件的中心线的确定：按照预埋件详图中埋件从轴线偏移的数值，用经纬仪、卷尺对楼层上的轴线进行偏移确定；埋件标高线的确定：校核剪力墙上高于楼层的＋1m 线无误后，用卷尺往上量尺确定；埋件表面与剪力墙混凝土表面平齐。见图 2.5.3-5、图 2.5.3-6。

图 2.5.3-4 钢梁安装实例图

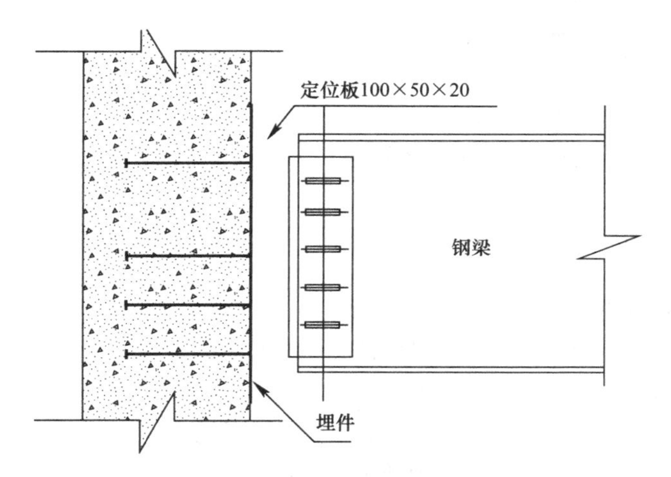

图 2.5.3-5 钢梁与预埋钢板连接安装示意图

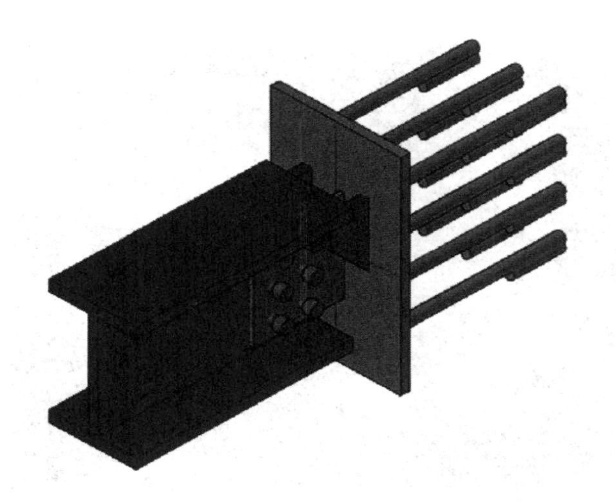

图 2.5.3-6 钢梁与预埋钢板连接安装示意图

5. 压型钢板与核心筒处甩筋做法

（1）核心筒结构墙柱施工时，在压型钢板靠核心筒的一侧做预留槽预甩楼板钢筋，钢筋在墙柱内锚固长度及预甩钢筋长度须符合 16G101 图集及相关规范要求；

（2）预留槽深度够甩筋留置空间，高度为楼板厚度；

（3）核心筒竖向模板合模前甩筋置于槽内，并填塞密实，防止混凝土浇筑时对钢筋污染。见图 2.5.3-7、图 2.5.3-8。

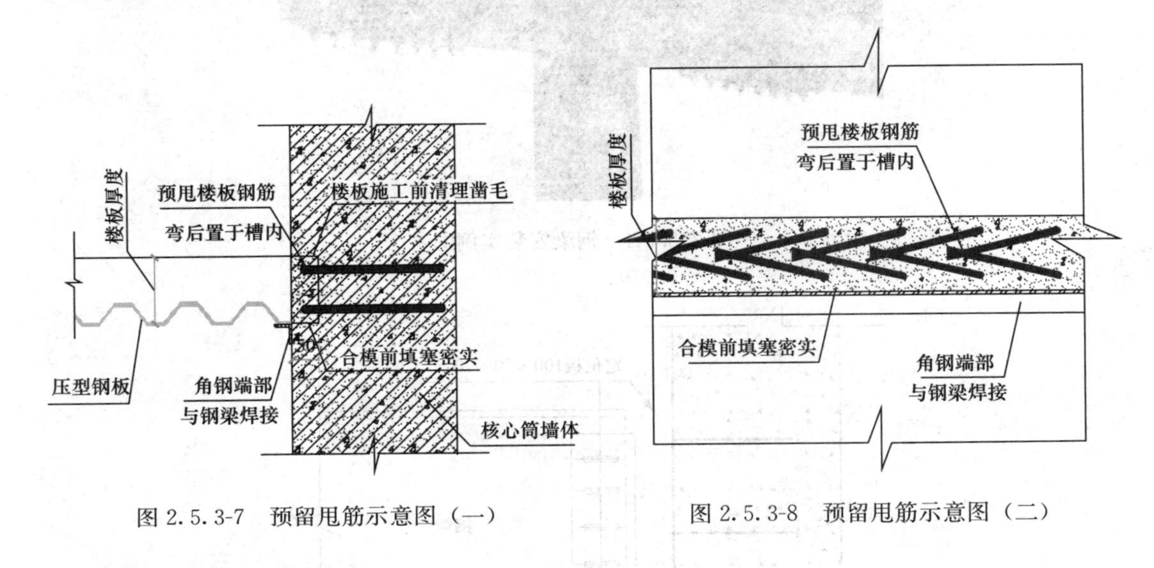

图 2.5.3-7　预留甩筋示意图（一）　　图 2.5.3-8　预留甩筋示意图（二）

2.5.4　钢结构防腐涂料涂装

1. 涂装前表面采用电动、风动工具等将构件表面的毛刺、氧化皮、铁锈、焊渣、焊疤、灰尘、油污及附着物彻底清除干净。

2. 涂料涂装遍数涂层厚度均应符合设计要求，当设计无要求时涂层干漆膜总厚度：室外应为 150μm，室内应为 125μm，其允许偏差为－25μm，每遍涂层干漆膜厚度的允许偏差为－5μm。见图 2.5.4-1、图 2.5.4-2。

图 2.5.4-1　钢结构表面处理对比

图 2.5.4-2 钢结构机械和人工除锈

2.5.5 钢结构防火涂料涂装

1. 钢结构防火涂料的粘结强度、抗压强度应进行材料复试，复试结构应符合国家现行标准钢结构防火涂料应用技术规程 CECS 24：90 的规定。抽检的批次为每使用 100t 或不足 100t 薄涂型防火涂料应抽检一次粘结强度，每使用 500t 或不足 500t 厚涂型防火涂料应抽检一次粘结强度和抗压强度。见图 2.5.5-1。

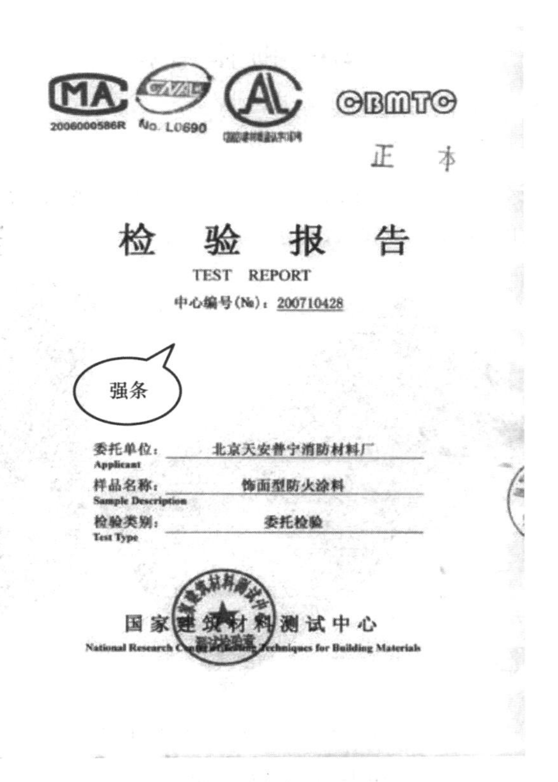

CMA 2006000586R　CNAL No. L0690　CAL　CBMTC

正　本

检　验　报　告

TEST REPORT

中心编号(№)：200710428

强条

委托单位：北京天安普宁消防材料厂
Applicant

样品名称：饰面型防火涂料
Sample Description

检验类别：委托检验
Test Type

国家建筑材料测试中心

National Research Center of Testing Techniques for Building Materials

图 2.5.5-1 防火涂料材料复试报告

2. 防火涂料厚度及外观要求

（1）涂层厚度用测量仪、测针和钢尺检查薄涂型防火涂料的涂层的厚度应符合有关耐火极限的设计要求；厚涂型防火涂料应 80%及以上面积应符合设计厚度要求，最薄处最薄处厚度不应低于设计要求的 85%。

（2）薄涂型防火涂料涂层表面裂纹宽度不应大于 0.5mm ，厚涂型防火涂料涂层表面裂纹宽度不应大于 1mm。见图 2.5.5-2。

图 2.5.5-2　防火涂料厚度检测

2.6　砌体结构

2.6.1　砌筑材料准备

1. 普通烧结砖

实心砖规格为：240mm×115mm×53mm；强度等级分为 MU30、MU25、MU20、MU15、MU10 五个强度等级。见图 2.6.1-1。

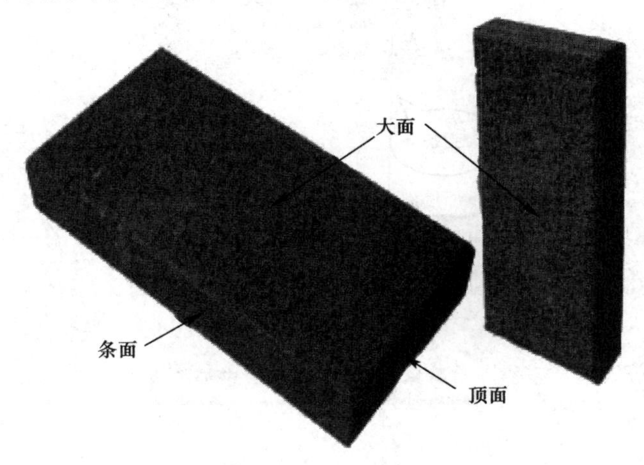

图 2.6.1-1　黏土烧结实心砖

2. 蒸压砖有蒸压粉煤灰砖和蒸压灰砂，砖的尺寸：长度均为 240mm×115mm×53mm，厚度有 53mm、90mm、115mm、175mm。

图 2.6.1-2 蒸压灰砂砖

图 2.6.1-3 粉煤灰蒸压砖

3. 烧结多孔砖的规格为：190mm×190mm×90mm、240mm×115mm×90mm/240mm×180mm×115mm 等多种。

图 2.6.1-4 烧结多孔砖

4. 石材分为毛石和料石，毛石应呈块状，中部厚度不宜小于 150mm。见图 2.6.1-5、图 2.6.1-6。

图 2.6.1-5 毛石

图 2.6.1-6 毛石挡土墙

5. 砌块主要有混凝土空心砌块、加气混凝土砌块和粉煤灰砌块。混凝土空心砌块为竖向方孔，规格为 390mm×190mm×190mm；加气混凝土砌块一般长度为 600mm，高度为 200，粉煤灰砌块的规格为 880mm×380mm～430mm×240mm 两种。见图 2.6.1-7～图 2.6.1-9。

图 2.6.1-7 混凝土小型空心砌块

图 2.6.1-8 加气混凝土砌块

图 2.6.1-9 粉煤灰加气混凝土砌块

6. 砌筑砂浆

(1) 用砂不得含有有害杂物，含泥量一般不超过 5%，砖砌体宜采用中砂，石砌体宜采用粗砂。

(2) 水泥砂浆和水泥混合砂浆应分别在 3h 和 4h 内使用完。如气温超过 30℃时，应分别在 2h 和 3h 内用完。

2.6.2 墙体砌筑

1. 砖砌体

采用铺浆法砌筑时，铺浆长度不得超过 750mm，气温超过 30℃时，铺浆长度不得超过 500mm。见图 2.6.2-1。

(1) 砖墙的组砌排列遵循上下错缝原则，错缝和搭接一般不小于 60mm，实心墙组砌方法有“一顺一丁”、“三顺一丁”、“梅花丁”等方法。见图 2.6.2-2。

图 2.6.2-1　铺浆法砌筑

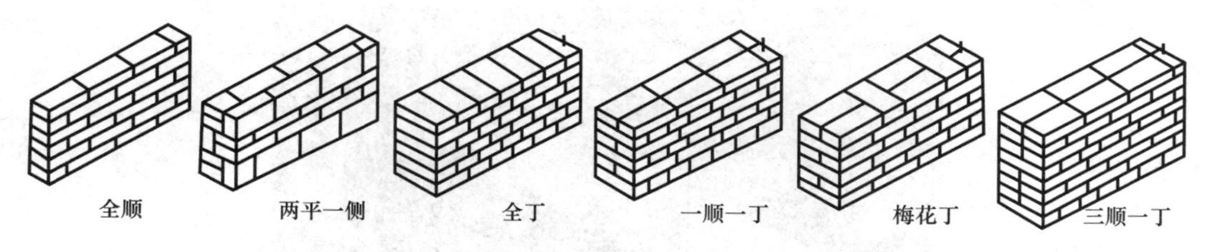

图 2.6.2-2　铺浆法砌筑

（2）实心砖水平灰缝的砂浆饱满度不得低于 80%。见图 2.6.2-3。

图 2.6.2-3　清水墙砌筑

（3）必须留槎时砌成斜槎，斜槎水平投影长度不小于高度的 2/3。见图 2.6.2-4。

（4）拉结筋留置原则

1）当不能留斜槎时，除转角外，可留直槎，但直槎必须做成凸槎，并加设拉结筋；

2）拉结筋沿墙高 500mm 一道，数量为每 120mm 墙后放置 1ϕ6（120mm 厚墙放置 2 根），埋入深度不小于 500mm，设防烈度为 6、7 度时不应小于 1000mm，末端做 90°弯钩（三级钢可不做弯钩）。见图 2.6.2-5。

图 2.6.2-4　斜槎的留置

图 2.6.2-5　直槎的留置

（5）砌体轴线偏移不得大于 10mm，砖砌体的垂直度允许偏差，每层楼为 5mm，建筑物全高≤10m 时为 10mm，全高＞10m 时为 20mm。见图 2.6.2-6、图 2.6.2-7。

图 2.6.2-6　靠尺检查垂直偏差

（6）砖砌体的灰缝厚度宜为 10mm，但不应小于 8mm，也不应大于 12mm。

图 2.6.2-7　灰缝厚度检查

（7）马牙槎留置方式

1）砖墙与构造柱的连接处应砌成马牙槎，每个马牙槎高度不宜超过 300mm，并沿墙高每隔 500mm 设置 2ϕ6 拉结筋，拉结筋深入墙内不宜小于 600mm；

2）马牙槎从柱脚开始先退后进，齿深 60～120mm。见图 2.6.2-8～图 2.6.2-11。

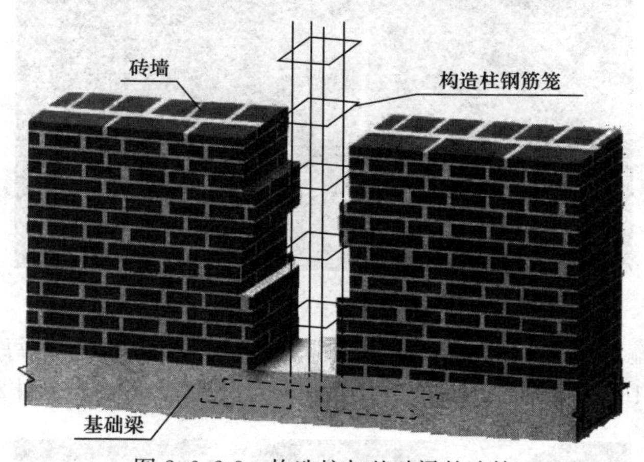

图 2.6.2-8　构造柱与基础梁的连接

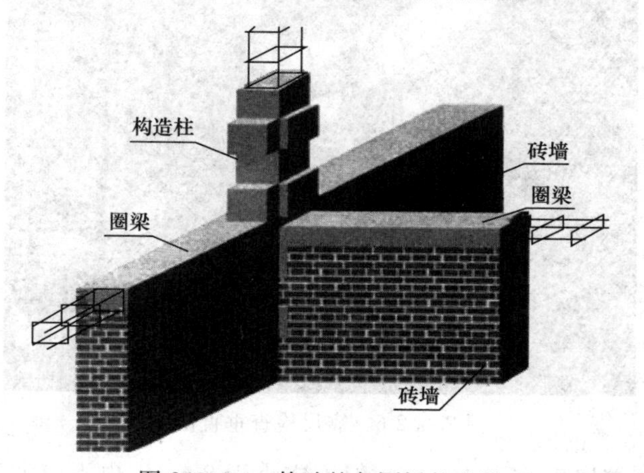

图 2.6.2-9　构造柱与圈梁的连接

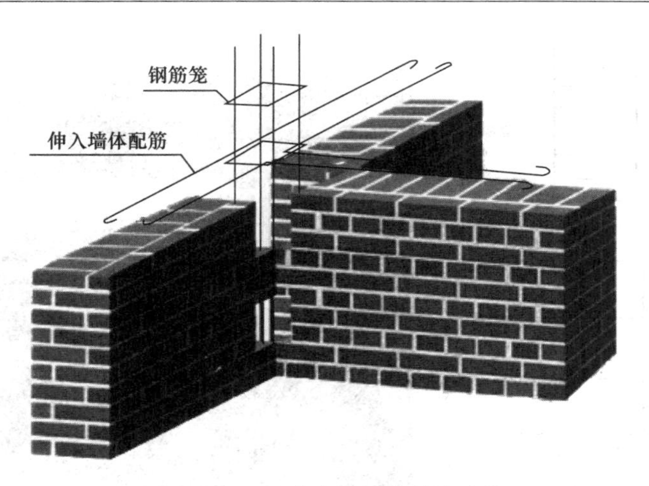

图 2.6.2-10　先砌墙再浇筑构造柱

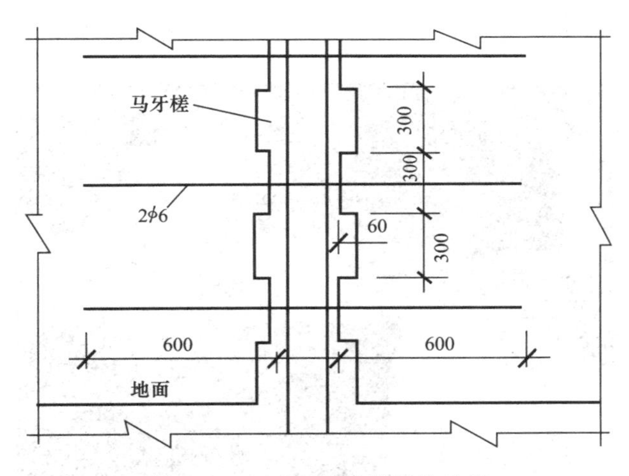

图 2.6.2-11　砖墙与构造柱连接

2. 料石砌体

(1) 料石砌体应采用铺浆法砌筑，细料石灰缝不宜大于 5mm，粗料石、毛料石不宜大于 20mm，水平灰缝和竖向灰缝的砂浆饱满度均应大于 80%，料石砌体上下错缝宽度不应小于料石宽度的 1/2。

(2) 阶梯形料石基础，上级阶梯的料石至少压砌下级阶梯料石的 1/3。见图 2.6.2-12。

3. 毛石砌体

(1) 采用铺浆法砌筑，叠砌面的粘灰面积（砂浆饱满度）应大于 80%。见图 2.6.2-13、图 2.6.2-14。

(2) 毛石墙每日砌筑高度不应超过 1.2m，毛石墙与普通烧结砖的组合墙砌筑时，同时砌筑，并每隔 4～6 皮砖用 2～3 皮丁砖与毛石砌体砌合，两种砌体之间的空隙用砂浆填塞。见图 2.6.2-15。

4. 混凝土小型空心砌块砌体

(1) 砌块的龄期不应小于 28d，砌筑时不得浇水五层及五层以上房屋的底层墙体应采用不低于 MU7.5 的混凝土小砌块和 M5 砌筑砂浆。见图 2.6.2-16。

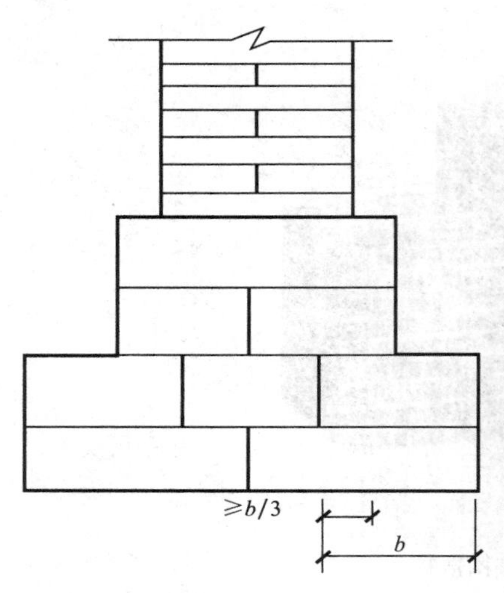

图 2.6.2-12　阶梯形料石基础

图 2.6.2-13　毛石基础（一）

图 2.6.2-14　毛石基础（二）

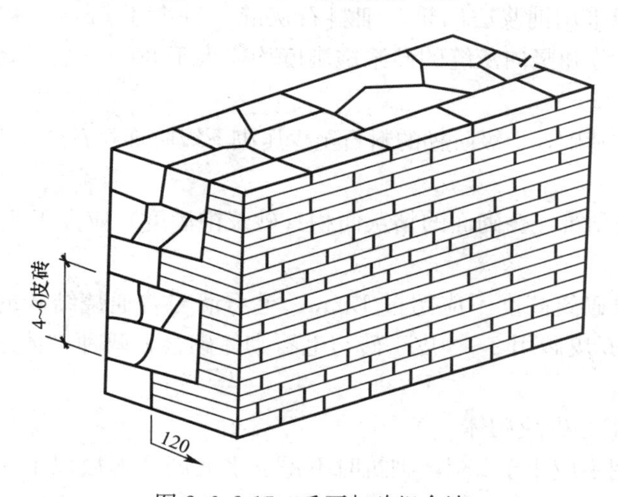

图 2.6.2-15　毛石与砖组合墙

图 2.6.2-16 混凝土小型砌块

（2）上下皮竖向灰缝错开 190mm，特殊情况无法对孔砌筑时，普通混凝土小砌块错缝长度不小于 90mm，轻骨料砌块错缝长度不小于 120mm。无法满足此规定时，应在水平灰缝中设置 4ϕ4 钢筋网片，网片每端应超过该竖向灰缝长度 400mm。见图 2.6.2-17。

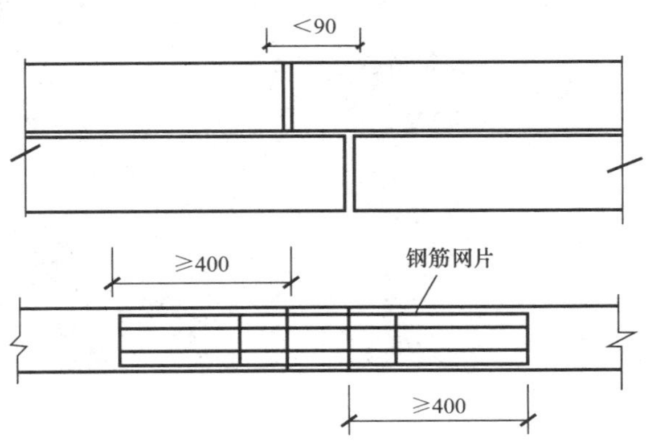

图 2.6.2-17 水平灰缝中拉结筋

5. 加气混凝土砌块

（1）基本构造要求

1）砌筑填充墙时应错缝搭砌，加气混凝土最小的砌块长度不得小于 200mm，搭砌长度不应小于小砌块长度的 1/3；

2）加气混凝土砌块砌体当采用水泥砂浆、水泥混合砂浆或蒸压加气混凝土砌块砌筑砂浆时，水平和竖向灰缝宽度不应超过 15mm，砌筑砂浆饱满度≥80%；

3）在加气墙施工前先在底部砌筑 3～4 皮的实心砖。见图 2.6.2-18、图 2.6.2-19。

（2）填充墙砌体砌筑至梁、板底 30～50mm 处，待砌体沉实（至少 14d）后，进行墙体塞缝处理，塞缝时先用防腐木楔子塞紧给予砌体顶部一个预压力，然后用细石混凝土（内掺膨胀剂）将缝隙填充密实。见图 2.6.2-20。

（3）构造柱模板支设

1）构造柱支设模板时宜在构造柱上部与梁接触的部位支设簸箕口；浇筑构造柱混凝土时由簸箕口向里浇筑，并将簸箕口满浇混凝土，待后期再剔除簸箕口；

图 2.6.2-18 加气混凝土砌体

图 2.6.2-19 底部留设实心砖导墙

图 2.6.2-20 墙顶塞缝

2）模板与墙面采用双面胶镶贴，防止漏浆。见图 2.6.2-21～图 2.6.2-23。

图 2.6.2-21 构造柱浇筑留设的簸箕口

图 2.6.2-22 构造柱浇筑完后簸箕口

图 2.6.2-23 构造柱贴双面胶

(4) 导墙设置

1) 有水房间墙体底部导墙宜与楼板一起浇筑，宽度为墙宽，当设计无要求时高度宜≥200mm。见图 2.6.2-24、图 2.6.2-25。

图 2.6.2-24 导墙模板安装

图 2.6.2-25 浇筑完的导墙

2) 当导墙与底部梁宽度不同时，在梁与导墙的内侧产生企口，需在施工前同设计沟通，经设计同意后将此处的梁顶标高降到与卫生间降板顶标高平齐的位置，然后与导墙一次浇筑。见图 2.6.2-26、图 2.6.2-27。

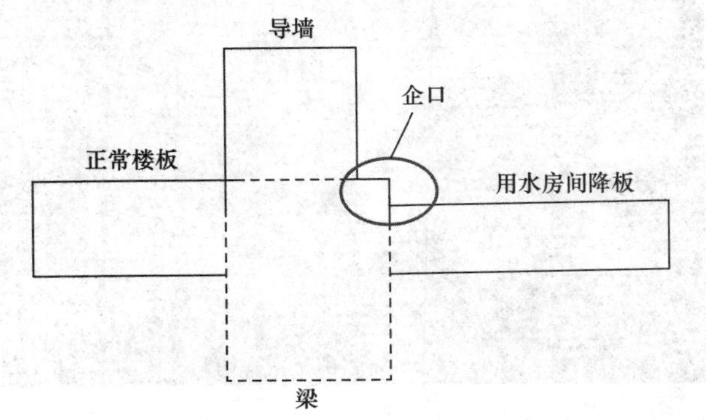

图 2.6.2-26 设计原因产生企口

图 2.6.2-27 企口现场图

(5) 超过 300 的洞口均设过梁，门窗洞口的过梁搭接长度两边各不小于 250mm。见图 2.6.2-28。

图 2.6.2-28 窗洞口过梁

(6) 砌体填充墙高度大于 4m 时，墙体半高处或门洞上皮设与柱连接且沿全墙贯通钢筋混凝土圈梁，墙体圈梁宜连续地设在同一水平面上，圈梁在框架柱上植筋，并形成封闭状。见图 2.6.2-29。

图 2.6.2-29 圈梁

(7) 窗台压顶整浇时应做成外低内高斜面或者企口状，防止雨水倒流。见图 2.6.2-30、图 2.6.2-31。

图 2.6.2-30　外低内高压顶

图 2.6.2-31　企口状窗台

(8) 洞口设定块要求：砌筑时按照规定尺寸及位置设置门窗边用于门窗框固定的防腐木砖或混凝土预制块，留置时顶部距梁底 300mm 设一块，底部距楼板（或压顶）300mm 设一块，中间部分按照不大于 600mm 的间距均匀布置，混凝土预制块尺寸宜为 120mm×120mm×墙宽。见图 2.6.2-32。

图 2.6.2-32　窗口预留混凝土预制块

（9）开槽尺寸要求：宽度比管的外径大 10mm 左右，槽深不小于管外径加 15mm，尽量避免横向开槽，必要时墙面横向开槽的长度不得大于 500mm，以免破坏墙体结构安全。见图 2.6.2-33、图 2.6.2-34。

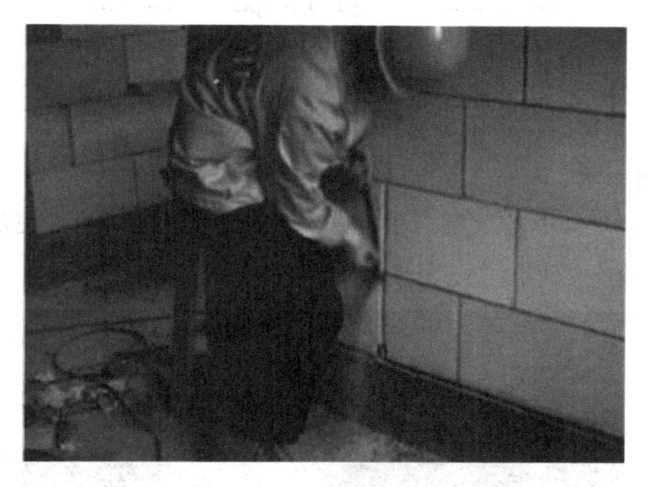

图 2.6.2-33 墙体开槽

图 2.6.2-34 管线安装完成后修补

第三章　装饰装修工程

3.1　楼地面工程

3.1.1　水泥砂浆面层

1. 用打磨机剔除地面上的杂物（落地灰、砌筑砂浆等），清理完成后用清水冲洗干净，并将清理出的垃圾清除干净。见图 3.1.1-1。

图 3.1.1-1　地面基层清理

2. 在墙面上弹出建筑一米线，往下量测出楼地面面层的标高。见图 3.1.1-2。

3. 根据房间内四周墙上的面层标高水平线，确定面层抹灰厚度，然后拉水平线开始抹灰饼，灰饼大小控制在 50mm×50mm 以内。横竖间距 1.5～2.0m，灰饼上平面即为完成面标高。见图 3.1.1-3。

4. 对灰饼的标高复核检查后，对房间较大的地面需进行冲筋，将水泥砂浆铺在灰饼之间，宽度、高度与灰饼宽相同，冲筋面需平整。见图 3.1.1-4。

5. 配置砂浆

（1）水泥砂浆配合比应根据设计文件确定，稠度不大于 35mm，强度等级不应低于 M15。

（2）水泥宜采用硅酸盐水泥、普通硅酸盐水泥，其强度不应小于 32.5。

（3）砂应为中粗砂，含泥量不应大于 3%。见图 3.1.1-5、图 3.1.1-6。

6. 铺筑砂浆

（1）在砂浆铺筑前提前对地面进行充分润湿，但不应有积水。

（2）在铺筑砂浆前在基层上均匀刷水泥浆（0.4～0.5）一遍。见图 3.1.1-7。

（3）将水泥砂浆铺满在素水泥浆上面，用木杆进行铺平。见图 3.1.1-8。

7. 找平压光

（1）用压光机进行大面压平，压力应均匀，无死角。见图 3.1.1-9。

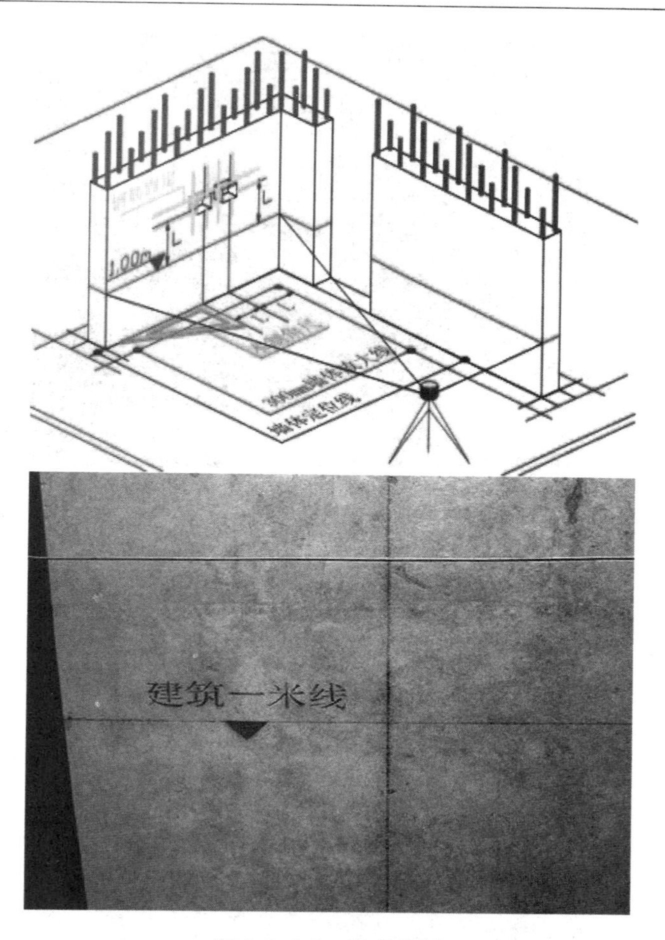

图 3.1.1-2 标高控制

图 3.1.1-3 灰饼

（2）用铝合金刮杠进行刮平，依据现场打点与冲筋呈扇形，如遇到低于冲筋处需进行补砂浆。见图 3.1.1-10、图 3.1.1-11。

图 3. 1. 1-4 冲筋

图 3. 1. 1-5 筛砂

图 3. 1. 1-6 配置砂浆

图 3.1.1-7 砂浆抹平

图 3.1.1-8 砂浆铺筑

图 3.1.1-9 地面压光

图 3.1.1-10　地面刮平

图 3.1.1-11　收面

(3) 在水泥砂浆初凝前用铁抹子从边角到大面进行收平。见图 3.1.1-12。

图 3.1.1-12　二次收面

8. 初凝后按功能区间切割出分隔缝，分隔缝间距一般为3～6m，在转角处和不同房间分隔处宜设置分隔缝。分隔缝要求平直，深浅一致，缝宽度为10～20mm，深度应贯穿建筑面层。见图3.1.1-13。

图3.1.1-13 切分隔缝

9. 在面层压光24h后进行养护，一般以手指按压表面无指纹印时进行。养护时视气温高低，在表面洒水或洒水后覆膜保持润湿，养护时间不小于7d。见图3.1.1-14。

图3.1.1-14 养护

3.1.2 混凝土面层

1. 基层处理、确定标高、灰饼、冲筋、刷素水泥浆、找平压光、分隔缝、养护等工序与水泥砂浆面层一致。

2. 面层内有钢筋网片时应先进行钢筋网片的绑扎，网片要按设计要求制作、绑扎。

3. 在基层表面均匀刷水泥浆（0.4～0.5）一遍，随刷随摊铺混凝土，并用刮尺按灰饼或冲筋拉平。见图3.1.2-1。

图 3.1.2-1 混凝土摊铺

4. 用平板振动器振捣密实，或用滚筒滚压，直至表面泛浆均匀。见图 3.1.2-2。

图 3.1.2-2 混凝土振捣密实

3.1.3 块料面层

1. 将杂物、浮渣、落地灰清理干净。

2. 弹十字中心线，复核房间方正。

3. 根据设计图纸进行试排砖，并根据试排砖情况从房间中间向四周弹铺砖控制线（每 4～5 块砖弹线）。见图 3.1.3-1。

4. 平行于门口的第一排应为整砖，非整砖用于靠墙位置；垂直于门口方向对称分中，非整砖成排布在两墙边。非整砖尺寸不小于整砖边长的 1/3。见图 3.1.3-2。

5. 铺贴前将砖浸水湿润，晾干后无明水后方可使用。见图 3.1.3-3。

6. 按水平标高先铺水泥砂浆，再进行地砖铺设。砖上表面略高于水平标高线，找直、找方后用橡皮锤轻敲拍实。见图 3.1.3-4。

7. 从内向外铺贴，铺完 2～3 行应拉线检查缝格的平整度，进行修整，并用橡皮锤拍实。见图 3.1.3-5。

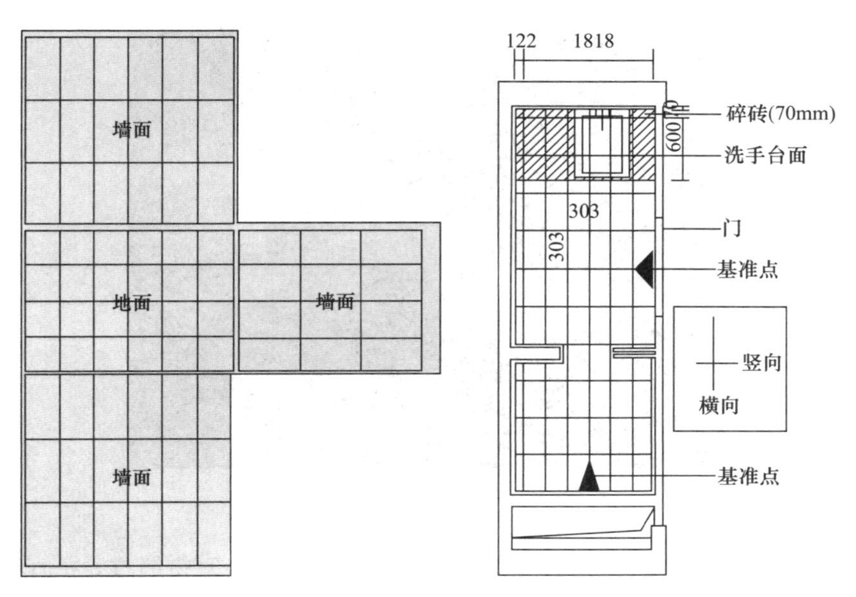

图 3.1.3-1　排砖　　　图 3.1.3-2　排砖布置

图 3.1.3-3　浸砖

图 3.1.3-4　砖铺贴

图 3.1.3-5 铺贴顺序

8. 面层铺贴后 24h 内进行勾缝、擦缝工作，地砖铺设时不宜拼缝过紧，宜留 1～2mm，擦缝不宜用纯水泥浆，水泥砂浆中宜掺适量的白灰，或使用瓷砖美缝剂处理。见图 3.1.3-6。

图 3.1.3-6 擦缝

9. 砖铺贴完成后 24h 洒水养护，养护时间不少于 7d。

10. 踢脚线镶贴：铺贴时在房间两端阴角各镶贴一块砖，以此砖上皮为标准挂线，踢脚线立缝位置及宽度同地面砖，工艺同地面砖。见图 3.1.3-7。

3.1.4 木地板面层

1. 基层清理干净，同时对已完成的隐蔽工程管线和机电设备进行保护。按照设计要求弹出室内＋1000mm 线。

2. 将木格栅放平，并找好标高，用膨胀螺栓固定在基层上。见图 3.1.4-1。

3. 根据木格栅的模数和房间的情况，将毛地板下好料。毛地板可采用条板，也可采用整张的木工板或中密度板。见图 3.1.4-2。

4. 铺设实木（实木复合）地板，从墙的一边开始铺粘实木地板，靠墙的一块板应离开墙面 10mm 左右，以后逐块排紧。见图 3.1.4-3、表 3.1.4-1。

图 3.1.3-7　踢脚线

图 3.1.4-1　地板格栅

图 3.1.4-2　毛地板铺设

图 3.1.4-3　地板铺设

板、块面层的允许偏差和检验方法（mm）　**表 3.1.4-1**

项次	项目	允许偏差											检验方法
		陶瓷锦砖面层高级水磨石板、陶瓷地砖面层	缸砖面层	水泥花砖面层	水磨石板块面层	大理石面层、花岗岩面层、人造石面层、金属板面层	塑料板面层	水泥混凝土板块面层	碎拼大理石、碎拼花岗岩石面层	活动地板面层	条石面层	块石面层	
1	表面平整度	2	4	3	3	1	2	4	3	2	10	10	用 2m 靠尺和楔形塞尺检查
2	缝格平直	3	3	3	3	2	3	3	—	2.5	8	8	拉 5m 线和用钢尺检查
3	接缝高低差	0.5	1.5	0.5	1.0	0.5	0.5	1.5	—	0.4	2	—	用钢尺和楔形塞尺检查
4	踢脚线上口平直	3	4	—	4	1	4	4	1	—	—	—	拉 5m 线和用钢尺检查
5	板块间隙宽度	2	2	2.0	2	1	6	6	—	0.3	5	—	用钢尺检查

3.2　抹灰工程

3.2.1　内墙墙面抹灰施工

1. 准备工作：主体结构验收通过，各项资料验收合格；抹灰前砌体隐蔽工作完成；抹灰工程施工方案及技术交底完成。

2. 基层清理：清除基层表面的灰尘、污垢、油渍等，对不饱满的灰缝或松动的砖墙进行修补。对预留孔洞和配电箱、槽、盒进行检查，配电箱、槽、盒外口应与抹灰面齐平或略低于抹灰面。见图 3.2.1-1、图 3.2.1-2。

图 3.2.1-1 墙面基层清理

图 3.2.1-2 线盒处理

3. 在不同材质墙体交接处及线槽、封堵洞口等部位钉钢丝网，钢丝网直径不小于 1.2mm，挂网要均匀、平整、牢固。钢丝网与各基体的搭接宽度不应小于 100mm。见图 3.2.1-3。

图 3.2.1-3 挂钢丝网

4. 先浇水湿润墙面，后甩浆。甩浆量不小于墙面面积的 80%，甩浆后洒水养护至少 2d。见图 3.2.1-4、图 3.2.1-5。

图 3.2.1-4 墙体湿润

图 3.2.1-5 墙面甩浆

5. 用激光测距仪测量房间开间、进深，确定抹灰厚度并做好记录。挂线开始做灰饼，灰饼表面应垂直平整、大小 50mm 左右。墙面面积较大时应进行冲筋。一般标筋宽度为 50mm，两筋间距不大于 1.5m。墙面高度小于 3.5m 时，宜做立筋；大于 3.5m 时，宜做横筋，横向冲筋的灰饼间距不宜超过 2m。见图 3.2.1-6。

6. 室内墙面、柱面和门洞口的阳角应采用 1∶2 水泥砂浆（强度不低于 M20）做暗护角，护角高度不应低于 2m，每侧宽度不应小于 50mm。见图 3.2.1-7。

7. 底层砂浆每遍厚度 5～7mm，应分层与灰饼、冲筋抹平，并用刮杠测平、找直，木抹子搓毛。当抹灰总厚度大于或等于 35mm 时，应采取加强措施。见图 3.2.1-8。

8. 基层抹灰终凝后，方可进行面层抹灰。面层抹灰前将基层抹灰面洒水湿润，面层用铁抹子用力抹平、压实、赶光，达到表面光滑平整、无裂纹标准。见图 3.2.1-9。

图 3.2.1-6 贴灰饼

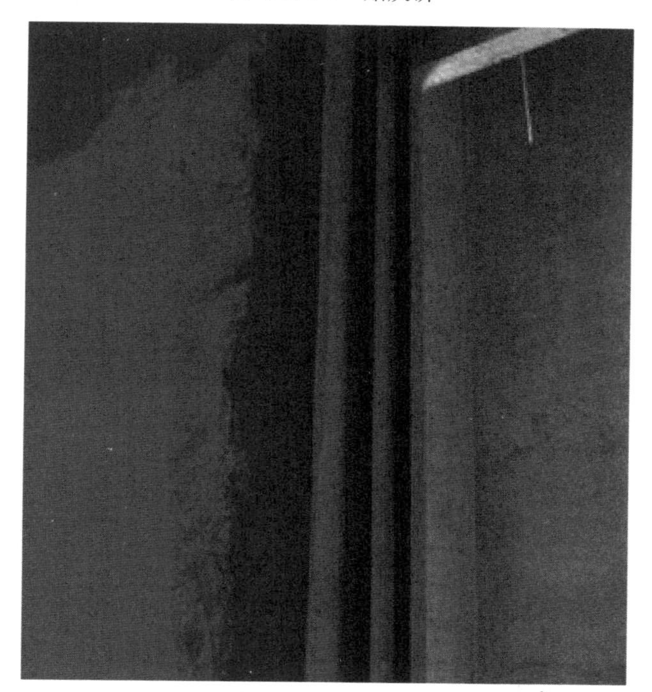

图 3.2.1-7 暗护角

图 3.2.1-8 底层砂浆

图 3.2.1-9　面层砂浆

9. 水泥砂浆抹灰层应在湿润条件下养护，可使用喷雾保湿养护，养护时间不应少于7d。见图 3.2.1-10、表 3.2.1-1。

图 3.2.1-10　墙面养护

一般抹灰工程质量的允许偏差和检验方法　　**表 3.2.1-1**

项次	项目	允许偏差（mm）		检验方法
		普通抹灰	高级抹灰	
1	立面垂直度	4	3	2m 垂直检测尺检查
2	表面平整度	4	3	2m 靠尺和塞尺检查
3	阴阳角方正	4	3	用直角检测尺检查
4	分格条（缝）直线度	4	3	拉 5m 线，不足 5m 拉通线，用钢直尺检查
5	墙裙、勒角上口直线度	4	3	拉 5m 线，不足 5m 拉通线，用钢直尺检查

3.2.2　室外墙面抹灰施工

1. 抹灰施工前进行基层处理，检查穿墙螺杆孔是否用发泡聚氨酯或膨胀水泥砂浆堵塞严实以及孔周边是否做好防水处理。外墙各施工洞口全部封堵完成。见图 3.2.2-1。

图 3.2.2-1　外墙面基层清理

2. 甩浆、灰饼、钢丝网均与内墙抹灰相同。外墙抹灰基层处理方法与内墙抹灰基层处理方法一致，按内墙基层处理执行。

3. 施工中，除参照室内抹灰要点外，还应注意以下事项：

（1）根据建筑高度确定放线方法，高层建筑可利用墙大角、门窗口两边，用经纬仪打直线找垂直。多层建筑时，可从顶层用大线坠吊垂直，绷铁丝找规矩，横向水平线可依据楼层标高或施工＋500mm 线为水平基准线进行交圈控制，然后按抹灰操作层抹灰饼，做灰饼时应注意横竖交圈，以便操作。

（2）在底层砂浆完成后，根据图纸要求弹线分格，将分隔条压入后抹面层砂浆，待砂浆终凝后起分隔条。分隔条宜采用木条、铝合金条或塑料条制作。见图 3.2.2-2。

图 3.2.2-2　墙面分隔弹线

（3）在檐口、窗台、窗楣、压顶和突出墙面等部位，其上面做出流水坡度，下面做出滴水线（槽）。流水坡度应保证坡向正确，滴水线（槽）距外表面不小于 40mm，滴水线的宽度和深度均不小于 10mm。见图 3.2.2-3。

图 3.2.2-3　滴水线

3.3　涂饰工程

1. 涂饰工程施工前，将墙面等基层上起皮、松动及鼓包等清除凿平，将残留在基层表面上的灰尘、污垢、溅沫和砂浆流痕等杂物清除扫净。新建筑物的混凝土或抹灰基层在涂饰涂料前应涂刷抗碱封闭底漆。

2. 用水石膏将墙面等基层上磕碰的坑凹、缝隙等处分遍找平，干燥后用 1 号砂纸将凸出处磨平，并将浮尘等扫净。见图 3.3-1。

图 3.3-1　腻子找补

3. 刮腻子的遍数由基层或墙面的平整度来决定，一般为三遍。第一遍用胶皮刮板横向涂刮，一刮板接着一刮板，接头不得留槎，每刮一刮板最后收头时，注意要收得干净利落。干燥后用 1 号砂纸磨，将浮腻子及斑迹磨平磨光，再将墙面清扫干净。第二遍用胶皮刮板竖向涂刮，所用材料和方法同第一遍腻子，干燥后用 1 号砂纸磨平，并清扫干净。第三遍用胶皮刮板找补腻子，用钢片刮板满刮腻子，将墙面等基层刮平刮光，干燥后用细砂纸磨平磨光，不要漏磨或将腻子磨穿。腻子应平整、坚实、牢固，无粉化、起皮和裂缝。见图 3.3-2。

图 3.3-2 刮腻子

4. 施涂第一遍涂料：施涂顺序是先刷顶板后刷墙面，刷墙面时应先上后下。先将墙面清扫干净，再用布将墙面粉尘擦净。乳液薄涂料一般用排笔涂刷，使用新排笔时，注意将活动的排笔毛去掉。乳液薄涂料使用前应搅拌均匀，适当加水稀释，防止头遍涂料因过稠施涂不开，涂刷不匀。干燥后复补腻子，待复补腻子干燥后用砂纸磨光，并清扫干净。见图 3.3-3。

图 3.3-3 第一遍涂料

5. 施涂第二遍涂料：操作要求同第一遍，使用前要充分搅拌，如不很稠，不宜加水或尽量少加水，以防露底。漆膜干燥后，用细砂纸将墙面小疙瘩和排笔毛打磨掉，磨光后清扫干净。见图 3.3-4。

6. 施涂第三遍涂料：操作要求同第二遍乳液薄涂料。由于乳胶漆膜干燥较快，应连续迅速操作，涂刷时从一头开始，逐渐涂刷向另一头，要注意上下顺刷互相衔接，后一排笔紧接一排笔，避免出现干燥后再处理。见图 3.3-5、表 3.3-1。

图 3.3-4　第二遍涂料

图 3.3-5　成品效果

薄涂料的涂饰质量和检验方法　　表 3.3-1

项次	项目	普通涂饰	高级涂饰	检验方法
1	颜色	均匀一致	均匀一致	观察
2	光泽、光滑	光泽基本均匀，光滑无挡手感	光泽均匀一致，光滑	
3	泛碱、咬色	允许少量轻微	不允许	
4	流坠、疙瘩	允许少量轻微	不允许	
5	砂眼、刷纹	允许少量轻微砂眼，刷纹通顺	无砂眼，无刷纹	

3.4　饰面砖工程

1. 基层墙面应进行清扫并浇水润湿。高层建筑物应进行吊角、贴灰饼等工作。要注意找好凸出檐口、腰线、窗台、雨篷等饰面的流水坡度和滴水线。

2. 抹底层砂浆：打底应分层进行用木杠刮平，木抹搓毛，隔天浇水养护。砂浆总厚度不得超过 20mm，否则应做加强处理。见图 3.4-1。

图 3.4-1 底层砂浆

3. 待底层砂浆六至七成干时，按图纸要求弹分格线，控制面层出墙尺寸及垂直、平整。见图 3.4-2。

图 3.4-2 弹线分格

4. 根据大样图及墙面尺寸进行排砖，保证面砖缝隙均匀。见图 3.4-3。

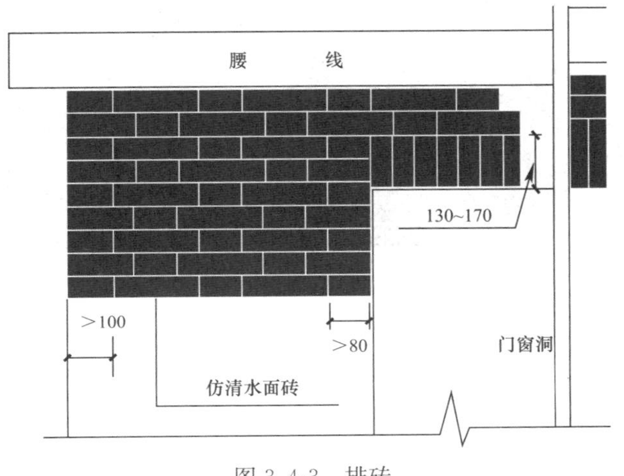

图 3.4-3 排砖

5. 将干净的面砖放入水中浸泡 2h 以上，取出表面晾干后方可使用。

6. 粘贴应自下而上进行。当采用砂浆粘接时，砂浆厚度为 6～10mm，贴砖后用灰铲柄轻轻敲打，使灰缝均匀，平整度和垂直度符合要求。见图 3.4-4。

图 3.4-4 面砖粘贴

7. 女儿墙压顶、窗台、腰线等部位镶贴面砖时，坡度符合设计要求，且应采取顶面砖压立面砖，防止渗水。见图 3.4-5。

图 3.4-5 细部处理

8. 面砖缝宽较宽（>5mm）时，用水泥砂浆勾缝或使用勾缝胶，勾好后要求凹进面砖外表面 2～3mm；缝宽较窄时（≤5mm），用白水泥配颜料进行擦缝处理。最后用布蘸稀盐酸擦洗干净。见图 3.4-6、表 3.4-1。

图 3.4-6 勾缝处理

外墙饰面砖粘贴的允许偏差和检验方法 表 3.4-1

序号	检验项目	允许偏差（mm）	检验方法
1	立面垂直度	3	用 2m 垂直检测尺检查
2	表面平整度	4	用 2m 靠尺和塞尺检查
3	阴阳角方正	3	用 200mm 直角检测尺检查
4	接缝直线度	3	拉 5m 线，不足 5m 拉通线，用钢直尺检查
5	接缝高度差	1	用钢直尺和塞尺检查
6	接缝宽度	1	用钢直尺检查

3.5 吊顶工程

1. 弹顶棚标高水平线：用水准仪在房间内每个墙（柱）角上抄出水平点，距地面一般为 500mm 弹出水准线，按吊顶平面图，在混凝土顶板弹出主龙骨的位置。见图 3.5-1。

图 3.5-1 弹水平标高线

2. 划分龙骨分档线：在楼地面上确定吊杆点位置，用激光垂准仪进行投点，标识。见图 3.5-2。

图 3.5-2　龙骨分档

3. 安装吊顶吊杆：采用膨胀螺栓固定吊挂吊件，间距不大于 1.2m，吊杆离墙边距离不得超过 300mm；用冲击电锤打孔，孔径应稍大于膨胀螺栓的直径。见图 3.5-3。

图 3.5-3　安装吊杆

4. 安装主龙骨

（1）根据边龙骨控制线安装边龙骨，钉距不大于次龙骨间距：主龙骨应平行房间长向安装，同时按 1/200～1/300 起拱，主龙骨悬臂段不大于 300mm。见图 3.5-4。

（2）吊杆长度大于 1.5m 时，应设置反支撑。见图 3.5-5。

5. 安装次龙骨

（1）次龙骨安装应紧贴主龙骨，间距控制在 300～600mm 之间，次龙骨与主龙骨连接卡连接，检修口四周加设次龙骨。见图 3.5-6。

（2）用放线仪检查龙骨起拱情况（起拱高度为房间跨度 1/200～1/300）。见图 3.5-7。

6. 安装罩面板

（1）石膏板边应沿纵向次龙骨铺设：安装双层石膏时，上下石膏板接缝应错开，不得在一根主龙骨上接头，接头处龙骨宽度不少于 40mm；一块石膏板由中间向四边进行固定，螺丝钉宜略埋入板面，但不得破坏板面。见图 3.5-8。

图 3.5-4 安装主龙骨

图 3.5-5 反向支撑

图 3.5-6 安装次龙骨

图 3.5-7　龙骨起拱

图 3.5-8　安装罩面板

（2）根据设备末端因素，在安装石膏板过程中，在孔口位置做好标识，在安装完成石膏板后逐一按尺寸要求开孔。见图 3.5-9。

图 3.5-9　孔口开孔

（3）石膏板拼缝之间距离不得大于 5mm；固定石膏板钉眼应进行防锈处理，用腻子补平。见图 3.5-10。

图 3.5-10　腻子补平

7. 安装石膏线条：用胶粘结时，线条接缝，线条与基层粘结饱满度不得低于 85%。见图 3.5-11。

图 3.5-11　安装石膏线

8. 石膏板拼缝处理：石膏板接缝用石膏腻子分层压实补平，在拼缝处贴上牛皮纸或防裂网格布，粘条时将布条或纸拉直、糊平、糊完后刮石膏腻子，盖过布宽度。见图 3.5-12。

9. 满刮腻子：刮腻子时应横竖刮，并注意接槎和收头时腻子要刮净，每遍腻子干后应磨砂纸，将腻子磨平、磨完后将浮尘清理干净。见图 3.5-13。

10. 胶漆面层施工：乳胶漆涂刷前充分搅拌，拌和均匀，分三遍涂刷。乳胶漆验收合格后安装末端设备。见图 3.5-14、表 3.5-1、表 3.5-2。

图 3.5-12　拼缝处理

图 3.5-13　满刮腻子

图 3.5-14　面层施工

整体面层吊顶安装允许偏差和检验方法　　表 3.5-1

项次	项目	允许偏差（mm）	检验方法
1	表面平整度	3	用 2m 靠尺和塞尺检查
2	缝格、凹槽直线度	3	拉 5m 线，不足 5m 拉通线，用钢直尺检查

板块吊顶工程安装允许偏差和检验方法　　表 3.5-2

项次	项目	允许偏差（mm）				检验方法
		石膏板	金属板	矿棉板	木板、塑料板、玻璃板、复合板	
1	表面平整度	3	2	3	2	用 2m 靠尺和塞尺检查
2	接缝直线度	3	2	3	3	拉 5m 线，不足 5m 拉通线，用钢直尺检查
3	接缝高低差	1	1	1.5	1	用钢尺和塞尺检查

3.6 门窗工程

3.6.1 门窗材料检验

1. 门窗所有材料进场时，均应按设计要求对其品种、规格、数量、外观、尺寸等进行验收，材料包装应完好，并应有产品合格证、使用说明书及相关性能检测报告。

2. 铝合金门窗主型材和塑料门窗增强型钢的厚度应符合设计和规范要求。见图 3.6.1-1。

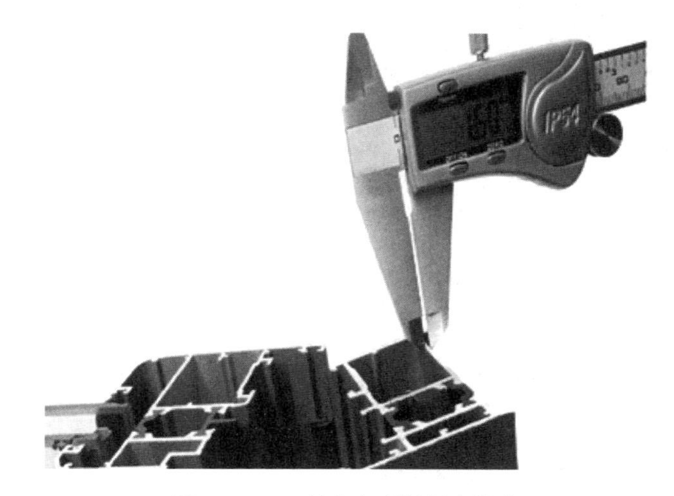

图 3.6.1-1　门窗主型材厚度检查

3.6.2 门窗洞口施工质量

1. 框安装前，应逐个核对门、窗洞口尺寸。对于同一类型的门窗洞口，其相邻的上、下、左、右洞口应保持通线，洞口应横平竖直。见图 3.6.2-1。

2. 砌体墙洞口应设置混凝土抱框，或在两侧固定点处应预埋强度等级在 C20 以上混凝土预制块，预制块高度与砌块同高或大于砌块高度的 1/2 且不小于 100mm，长度不小于 200mm。严禁用射钉直接在砌体上固定。抱框尺寸及配筋根据门洞大小和相关图集确定，抗震设防要求较高地区应遵循地方性文件规定设置。见图 3.6.2-2～图 3.6.2-5。

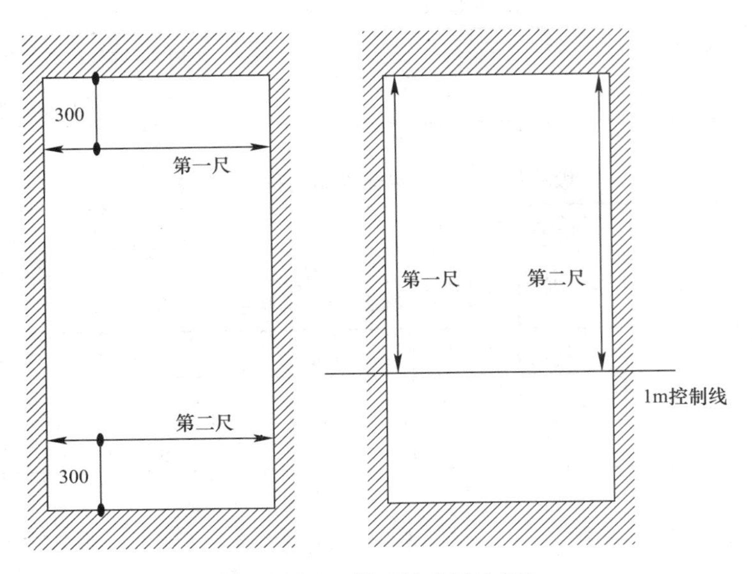

图 3.6.2-1 洞口尺寸测量方法

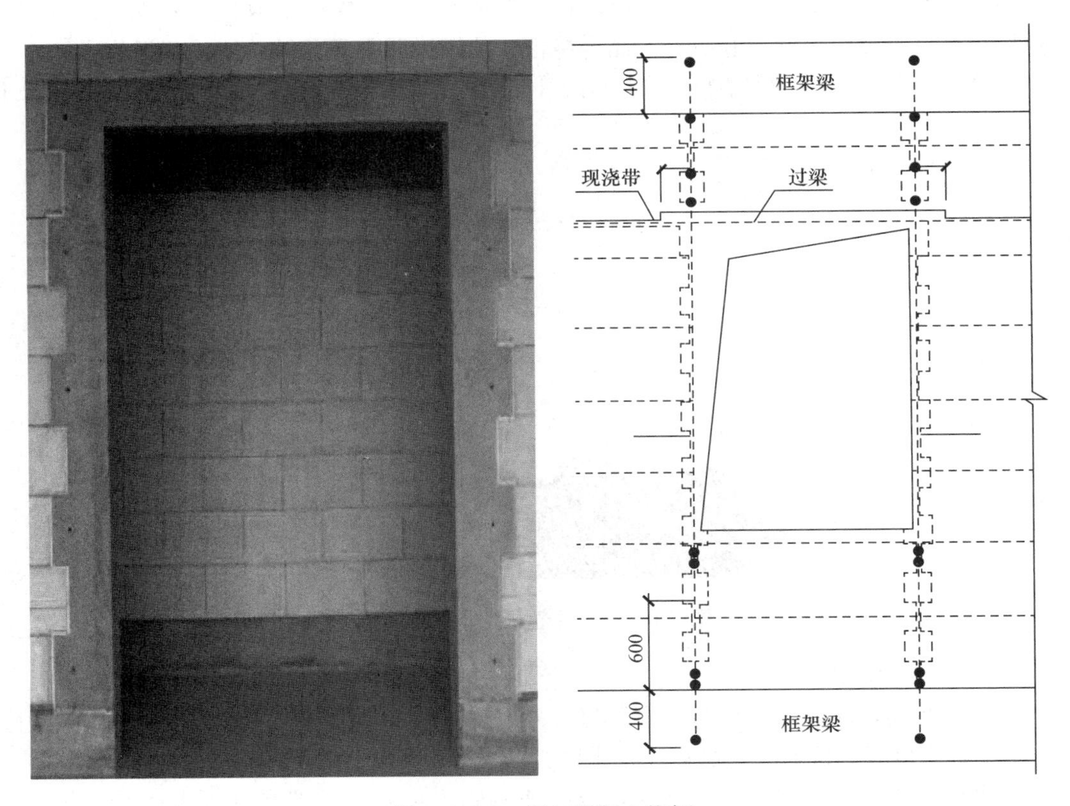

图 3.6.2-2 洞口混凝土抱框

图 3.6.2-3 门洞预埋混凝土块

图 3.6.2-4 窗洞预埋混凝土块

图 3.6.2-5　固定片安装

3.6.3　木门窗安装

1. 木门窗框安装时，每边固定点不得少于 2 处，其间距不得大于 1.2m。固定点的位置、固定方法应符合设计要求。

2. 木门窗扇必须安装牢固，应开关灵活、关闭严密，无倒翘。合页距门扇上下端宜取立梃高度的 1/10，并应避开上、下冒头。见图 3.6.3-1。

图 3.6.3-1　木门扇安装

3.6.4 铝合金、塑钢门窗安装

1. 门窗框固定片位置距门窗端角、中竖梃、中横梃的距离 a 应不大于 180mm，其余固定片的间距 b 应符合设计要求（且铝合金门窗 b 应不大于 500mm，塑钢门窗 b 应不大于 600mm）。

2. 不得将固定片直接安装在中竖梃、中横梃的端头上。见图 3.6.4-1。

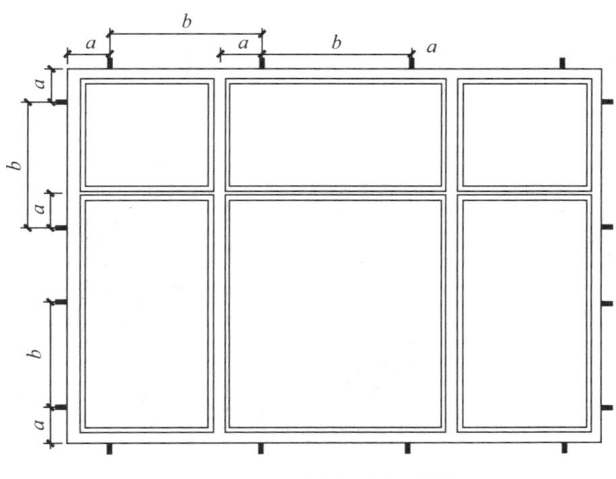

图 3.6.4-1　固定片布置图

3. 门窗顶部和两侧（除两侧底部 200mm）边框与墙体间缝隙用发泡胶填充，底部边框和两侧底部 200mm 高边框与墙体间缝隙用防水砂浆填充。见图 3.6.4-2。

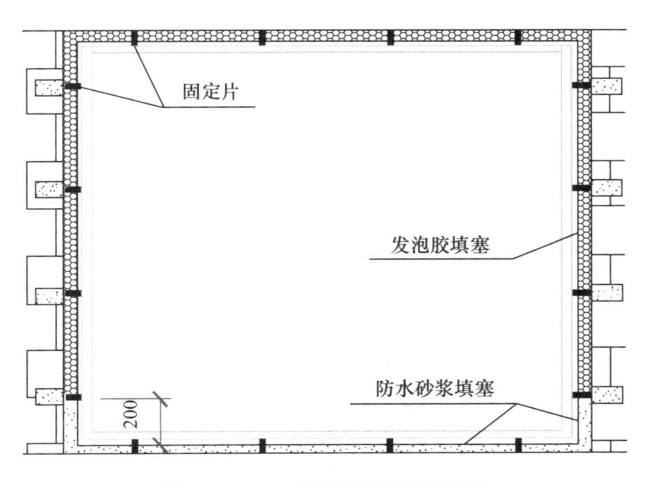

图 3.6.4-2　周边缝隙填塞做法

4. 填塞防水砂浆或打发泡胶时不能使门窗框胀突变形，临时固定用的木楔、垫块等不得遗留在洞口缝隙内。发泡胶须满填缝隙，超出门窗框外的发泡胶应在其固化前用手或专用工具压入缝隙中，严禁固化后用刀片切割。见图 3.6.4-3、图 3.6.4-4。

5. 推拉门、窗扇防拆除、防脱落装置应安装牢固。

6. 有排水孔的外门窗，排水孔应顺畅，位置和数量应符合设计要求。见图 3.6.4-5、图 3.6.4-6。

图 3.6.4-3　边缝发泡胶填塞

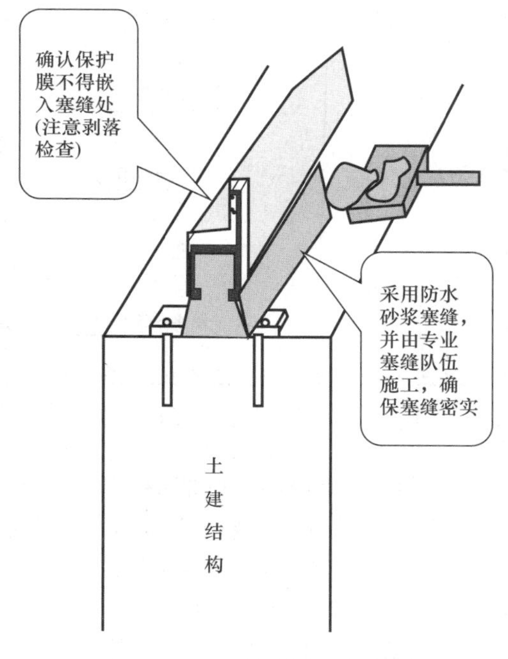

图 3.6.4-4　底缝防水砂浆填塞

图 3.6.4-5 推拉门窗防脱落装置

图 3.6.4-6 外门窗排水孔

7. 承重五金配件与门窗连接应采用机制螺钉连接，不得使用铝抽芯铆钉固定。见图 3.6.4-7、图 3.6.4-8。

图 3.6.4-7　承重五金件（错误）

图 3.6.4-8　承重五金件（正确）

8. 安装单面镀膜玻璃时，镀膜面应朝向室内。安装中空镀膜玻璃时，镀膜玻璃应安装在室外侧，镀膜面应朝向室内。见图 3.6.4-9。

9. 玻璃应放在凹槽的中间，内、外两侧的间隙应控制在 2～5mm 之间，玻璃下部应用 3～5mm 厚的氯丁橡胶垫块将玻璃垫起，玻璃不应直接接触铝型材。见图 3.6.4-10。

3.6.5　防渗漏措施

1. 门窗上口抹灰层或饰面层做滴水槽或鹰嘴滴水线，滴水线应内高外低，流水坡度不小于 5%。见图 3.6.5-1、图 3.6.5-2。

2. 窗台压顶做成内高外低斜坡状或企口状，内外高差不少于 30mm。见图 3.6.5-3、图 3.6.5-4。

3. 窗台下口抹灰层做流水坡度，坡度不小于 10%。

图 3.6.4-9 镀膜玻璃安装效果图

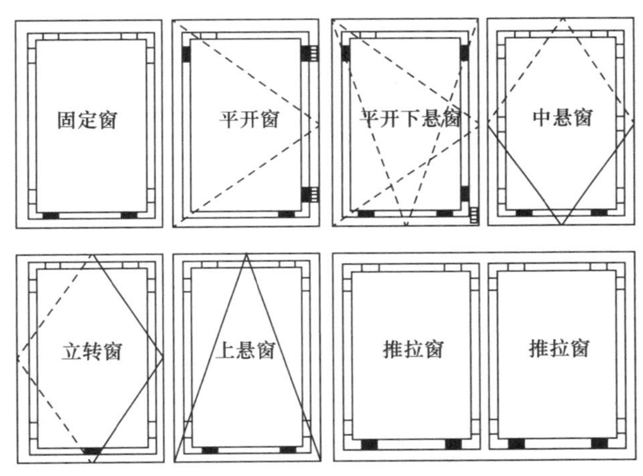

图 3.6.4-10 玻璃承重垫块和定位垫块位置示意图

图 3.6.5-1 门窗上口滴水槽做法

4. 外门窗框外侧表面与墙体间应留不小于 5mm×6mm 的密封槽，确保墙边防水密封胶胶缝。见图 3.6.5-5、图 3.6.5-6。

图 3.6.5-2 门窗上口滴水线做法

图 3.6.5-3 窗台压顶斜坡做法

图 3.6.5-4 窗台压顶企口做法

5. 门窗框两侧密封胶应在墙面或洞口抹灰层干燥后进行施打，打胶时应清洁注胶槽口及基层。严禁在涂料面层上注密封胶。见图 3.6.5-7、图 3.6.5-8。

图 3.6.5-5　窗台抹灰做法

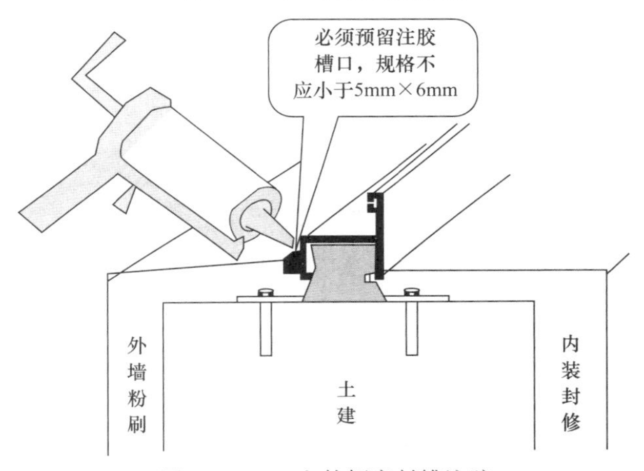

图 3.6.5-6　室外侧密封槽注胶

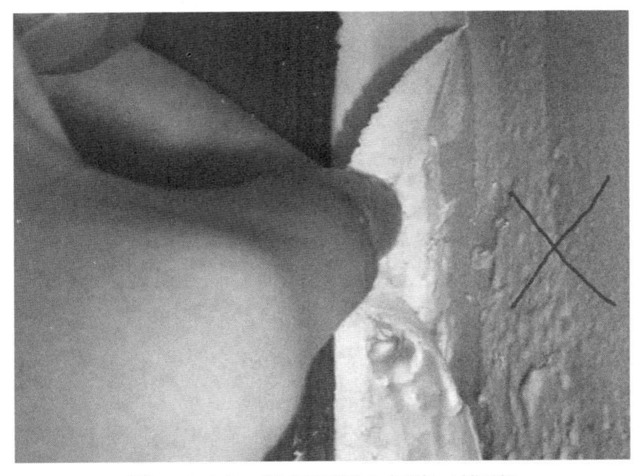

图 3.6.5-7　涂料面层上打胶（错误）

6. 淋水试验

（1）外墙饰面层完成后对外窗进行淋水试验。

（2）淋水水压不应低于 0.3MPa。

图 3.6.5-8 窗口耐候密封胶

（3）喷头与窗的距离不大于 150mm。

（4）连续淋水时间每扇窗不少于 30min。见图 3.6.5-9。

图 3.6.5-9 外窗淋水试验

3.6.6 防火门安装

1. 门扇与门框的搭接尺寸不应小于 12mm。

2. 门扇与上框的配合活动间隙，双扇、多扇门的门扇之间缝隙，门扇与门框贴合面间隙，门扇与门框有合页一侧、有锁一侧及上框的贴合面间隙均不应大于 3mm。

3. 门扇与下框或地面的活动缝隙不应大于 9mm。

4. 防火门用合页（铰链）板厚应不小于 3mm。

5. 防火门门扇应启闭灵活，无卡阻现象。见图 3.6.6-1。

3.6.7 卷帘门安装

1. 卷帘轴安装应水平，不得产生倾斜，轴与导槽应垂直。

2. 卷帘门收完后，护罩内表面与板条不得有接触摩擦的现象，且相距应有 100mm 间隙。

3. 防火卷帘主要零部件使用的原材料厚度应符合设计和规范要求。见图 3.6.7-1。

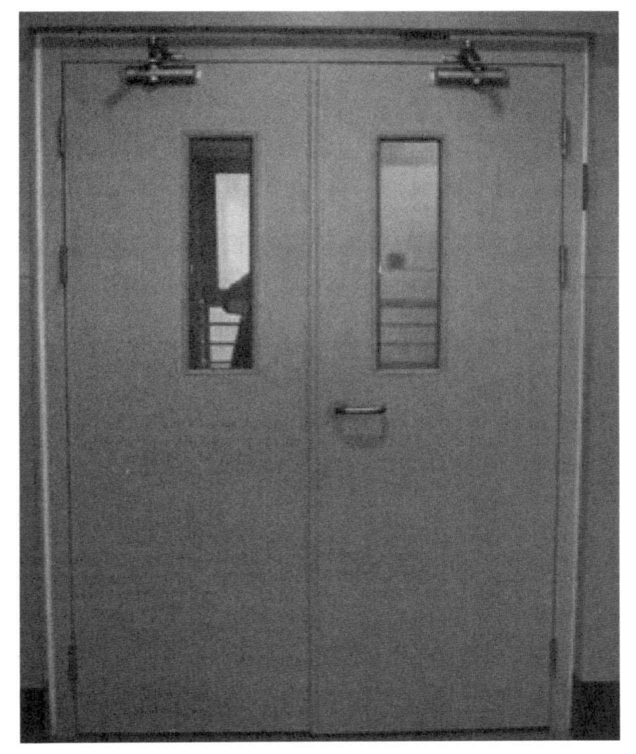

图 3.6.6-1　防火门安装

图 3.6.7-1　卷帘门安装

3.7　室内防水工程

3.7.1　基层处理

1. 管根、地漏与基层交接处，预留宽10mm，深10mm的环形凹槽，槽内嵌填密封材料。

2. 基层阴阳角、管根处做成圆弧形。见图3.7.1-1～图3.7.1-3。

图3.7.1-1　管根密封处理

图3.7.1-2　管根圆弧处理

3.7.2　附加层施工

涂料附加层，应先涂一遍防水涂料，再铺胎体增强材料，然后根据防水涂料性质涂刷一遍或两遍防水涂料。胎体增强材料宽度不小于300mm，搭接宽度不小于100mm。见图3.7.2-1、图3.7.2-2。

3.7.3　涂料防水层施工

1. 防水涂料应薄涂、多遍施工，且前后两遍的涂刷方向应相互垂直，涂层厚度应均匀，不得有漏涂、堆积现象。见图3.7.3-1。

2. 地面防水层周边上翻高度不小于200mm。

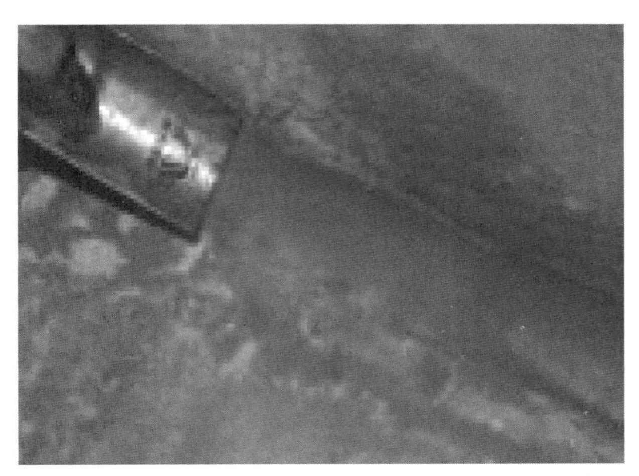

图 3.7.1-3　阴角圆弧处理

图 3.7.2-1　阴阳角、管根涂料附加层

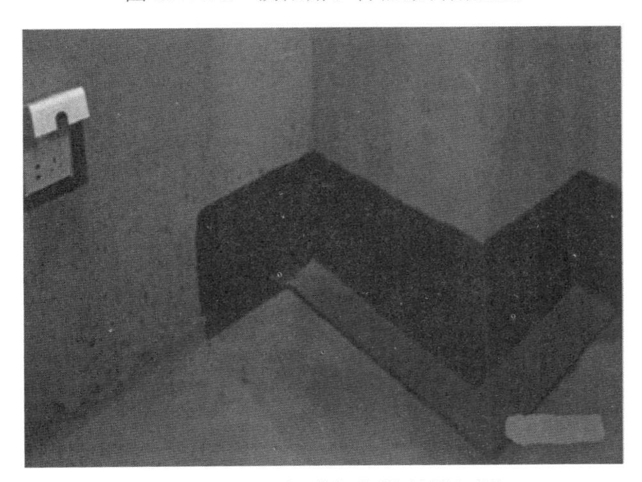

图 3.7.2-2　烟道根部涂料附加层

3. 装有给水管水龙头的墙面，防水层高度不小于 1200mm。

4. 卫生间淋浴区墙面防水层高度不小于 1800mm。

图 3.7.3-1　多遍涂刷

5. 防水层墙面高度均为高于地面完成面尺寸。见图 3.7.3-2～图 3.7.3-4。

图 3.7.3-2　卫生间墙面防水高度

图 3.7.3-3　阳台墙面防水高度

6. 防水层在门口处外延长度不应小于 500mm，向两侧延展宽度不应小于 200mm。见图 3.7.3-5。

图 3.7.3-4　淋浴墙面防水高度

图 3.7.3-5　门口防水层外延

3.7.4　蓄水试验

1. 防水层完成后应进行一次蓄水试验，蓄水高度最浅处不应小于 20mm，蓄水时间不应少于 24h。见图 3.7.4-1。

图 3.7.4-1　防水一次蓄水试验

2. 保护层完成后应做二次蓄水试验，蓄水高度不应小于 20mm，蓄水时间不应少于 24h。见图 3.7.4-2。

图 3.7.4-2　防水二次蓄水试验

3.8　轻质隔墙工程

3.8.1　板材隔墙

图 3.8.1-1　板材隔墙

1. 绘制深化排板图，标明条板规格尺寸、门窗洞口位置、尺寸，以及安装顺序。见图 3.8.1-2。

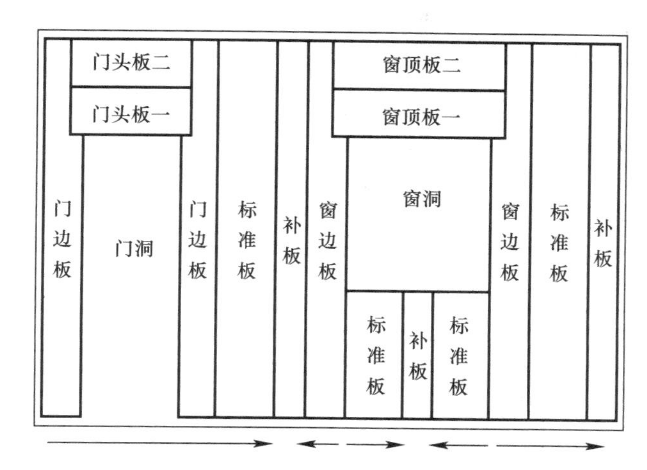

图 3.8.1-2　排板图

2. 墙体端部补板宽度不小于 200mm。

3. 地面放线弹出墙板安装位置线和门窗洞口边线，按板宽进行排板分档，板缝按 5mm 计入。见图 3.8.1-3。

图 3.8.1-3　地面放线

4. 两板之间的上顶端和板与结构连接处用 U 形防震钢卡连接，钢卡用射钉进行固定，墙板侧面与主体结构固定时设两处 U 形卡固定点。条板顶接缝处钢卡间距应不大于 600mm。与墙、柱接缝处钢卡间距应不大于 1m。见图 3.8.1-4、图 3.8.1-5。

5. 安装顺序严格按排板图进行。墙板安装时必须在两块板接缝接口处浇水坐灰，上下并用木楔进行校正固定，下端面尽量少留间隙，上端面的间隙控制在 20mm 以下，用 1∶2 的水泥砂浆填实，当遇楼层结构误差，导致板的间隙上下端各大于 20mm，大于处应用细石混凝土在板的下端填实。条板下端距地面的预留安装间隙宜在 30～60mm。见图 3.8.1-6。

图 3.8.1-4　钢板卡

图 3.8.1-5　钢板卡射钉安装

图 3.8.1-6　条板固定

6. 板下口填缝用细石混凝土或 1：2 干硬性砂浆填塞密实，7d 后砂浆强度达到 10MPa 以上时拆除木楔，并用同等强度等级的专用砂浆将木楔留下的空洞填实。见图 3.8.1-7。

图 3.8.1-7 板下口缝隙封堵

7. 墙板的高度一般控制在 3000mm 以内，当墙体高度超过 3000mm 时，允许接板，但接板时必须二板错缝连接，相邻两板之间错缝必须大于 300mm。接板安装的隔墙，顶端与顶板、梁接缝处加设钢卡，每块条板不少于 2 个。见图 3.8.1-8。

图 3.8.1-8 接头错开安装

8. 水电管线暗装时，墙面开槽深度应不大于墙厚的 2/3，开槽长度不得大于隔墙长度的 1/2。严禁在隔墙两侧同一部位开槽，应错开 150mm 以上。严禁穿透隔墙安装。见图 3.8.1-9。

9. 条板隔墙接缝处采用粘接砂浆填实，表层刮平压光。墙板安装好以后在勾缝前对墙板的接缝处，必须进行浇水之后，才能进行勾缝，勾缝时做到把板缝压紧，压实保证没有空隙。为防止安装后的墙面开裂，板与板，板于主体结构的垂直缝用 100mm 的玻纤网布条粘结，为更有效的防止开裂，网布的粘结时间一般在墙板安装好 15d 以后粘接比较合适。见图 3.8.1-10、图 3.8.1-11。

图 3.8.1-9　墙面开槽

图 3.8.1-10　接板平缝处理

图 3.8.1-11　接板企口缝粘贴防裂带

10. 门窗洞口墙板安装，在门洞口两边的第一孔必需用 1：2 水泥砂浆或细石混凝土灌实，以备安装门窗之用。门洞≤1.2m，门头板下端第一孔用细石混凝土灌实。门洞≥1.2m 时，门头板下端第一孔穿 ϕ12～ϕ18 螺纹钢并用细石混凝土灌实。特殊宽度门洞方案另定。

3.8.2 骨架隔墙

图 3.8.2-1 骨架隔墙

1. 根据设计施工图，在地面弹出隔墙位置线、门窗洞口边框线，并将线引至侧墙和顶板，确定门窗洞位置、竖龙骨、横撑及附加龙骨的位置。弹线应预留面板厚度。见图 3.8.2-2。

图 3.8.2-2 顶龙骨位置线

2. 按弹线位置固定沿地、沿顶龙骨和边框龙骨，龙骨的端部应安装牢固，龙骨与基体的固定点间距宜为 600～900mm，最大不超过 1000mm。龙骨与基体间留 3mm 变形空隙打胶防开裂。见图 3.8.2-3。

3. 竖龙骨由隔墙的一端开始排列，有门窗的从门窗洞口开始分别向两侧排列。竖龙骨中距最大不超过 600mm。竖龙骨长度较沿地、沿顶龙骨间距短 10～15mm 适应变形。见图 3.8.2-4。

4. 贯通龙骨横穿竖龙骨进行贯通冲孔，接长使用配套的连接件。

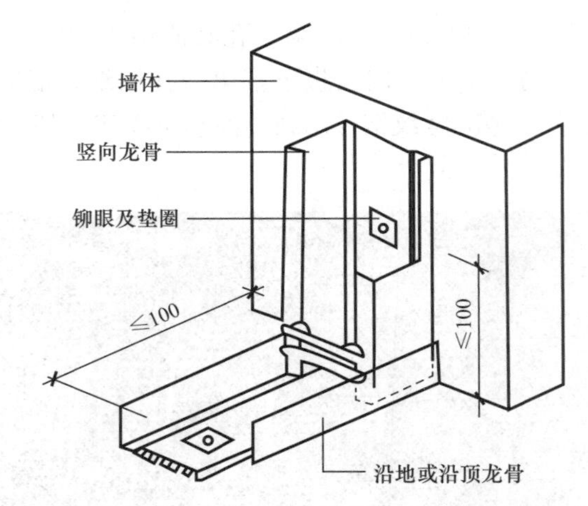

图 3.8.2-3　沿地、沿顶、边龙骨端部固定

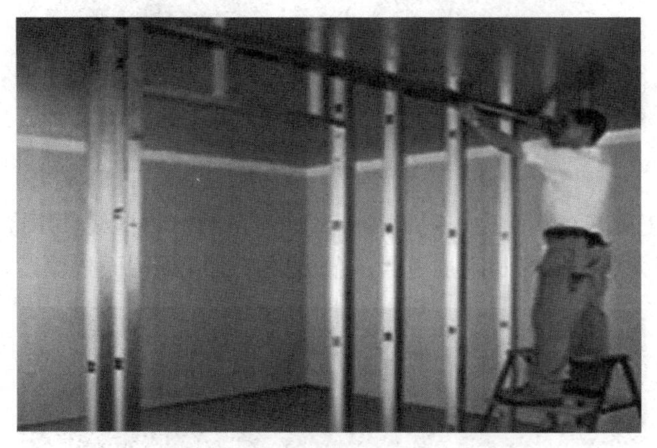

图 3.8.2-4　竖龙骨安装

5. 在竖龙骨开口面安装卡托或支撑卡与贯通龙骨连接锁紧。见图 3.8.2-5。

图 3.8.2-5　贯通龙骨卡托固定

6. 隔墙电源开关、插座、配电箱等小型或轻型设备末端安装水平龙骨或固定件。见图 3.8.2-6。

图 3.8.2-6 小型设备固定件

7. 墙体暗装管线和线盒必须采用开孔器开孔，严禁破坏已经施工完毕的龙骨。见图 3.8.2-7。

图 3.8.2-7 水电管线开孔

8. 隔墙内保温或隔声材料按设计要求铺设、固定，填充材料应铺满铺平，岩棉板应把线管裹实。见图 3.8.2-8。

图 3.8.2-8 填充材料铺设

9. 墙面板应安装牢固，无脱层、翘曲、折裂及缺损。

10. 墙面板固定点间距，与墙、柱间间隙，与地面间缝隙，以及拼接缝处理等应符合设计要求。

11. 墙面板固定自攻螺钉头埋入表面 0.5～1mm，顶帽应做防锈处理。见图 3.8.2-9。

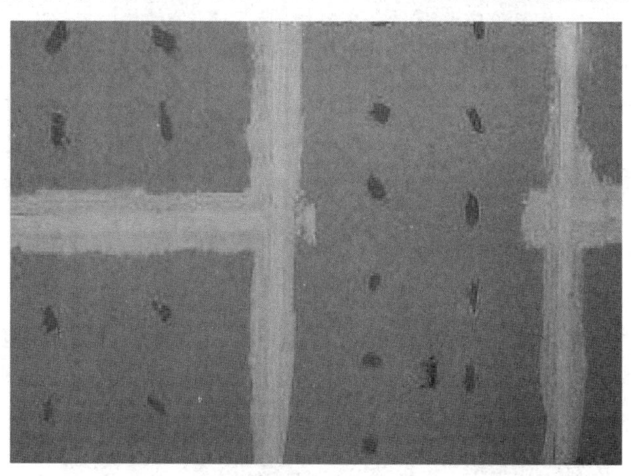

图 3.8.2-9 墙面板安装

3.9 幕墙工程

3.9.1 石材与金属幕墙

1. 金属、石材幕墙与主体结构连接的预埋件，应在主体结构施工时按设计要求预埋。预埋件或后置埋件应牢固，位置准确。当设计无明确要求时，埋件的标高偏差不大于 10mm，位置偏差不大于 20mm。见图 3.9.1-1、图 3.9.1-2。

图 3.9.1-1 预埋件安装

2. 立柱安装标高偏差不应大于 3mm，轴线前后偏差不应大于 2mm，左右偏差不应大于 3mm。

3. 相邻两根立柱安装标高偏差不应大于 3mm，同层立柱的最大标高偏差不应大于 5mm，相邻两根立柱的距离偏差不应大于 2mm。见图 3.9.1-3。

图 3.9.1-2 后置埋件安装

图 3.9.1-3 立柱安装

4. 相邻两根横梁的水平标高偏差不应大于 1mm。同层标高偏差：当一幅幕墙宽度小于或等于 35m 时，不应大于 5mm；当一幅幕墙宽度大于 35m 时，不应大于 7mm。见图 3.9.1-4。

图 3.9.1-4 横梁安装

5. 钢构件施焊处应做防锈防腐处理。见图 3.9.1-5。

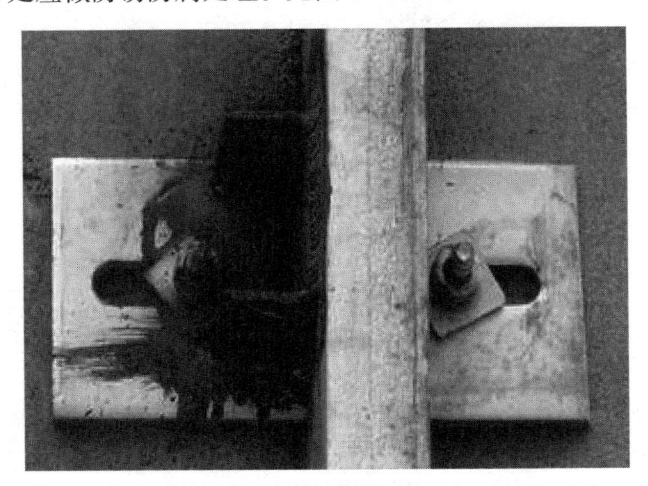

图 3.9.1-5　焊接处防锈漆

6. 孔槽处不得有损坏或崩裂，槽口应打磨成 45°倒角，孔内应光滑、洁净。见图 3.9.1-6。

图 3.9.1-6　板材开槽

7. 板材安装时，左右、上下的偏差不应大于 1.5mm。接缝应横平竖直、宽窄均匀。见图 3.9.1-7。

8. 板缝压条应平直、洁净、接口严密、安装牢固。板缝厚度根据硅酮耐候密封胶技术参数确定。见图 3.9.1-8。

9. 注胶应饱满、密实、连续、均匀、深浅一致、光滑顺直，无气泡。见图 3.9.1-9。

10. 楼板处防火带的衬板应采用经防腐处理且厚度不小于 1.5mm 的钢板，不得使用铝板。见图 3.9.1-10。

3.9.2　玻璃幕墙

1. 玻璃幕墙与主体结构连接的预埋件，应在主体结构施工时按设计要求预埋；位置偏差不大于 20mm。预埋件位置偏差过大或未设置预埋件时，应制订补救措施或可靠连接方案，经与业主、土建设计单位洽商同意后，方可实施。见图 3.9.2-1、图 3.9.2-2。

图 3.9.1-7　板缝控制

图 3.9.1-8　板缝胶条安装

图 3.9.1-9　板缝注胶

图 3.9.1-10 楼层防火带

图 3.9.2-1 预埋件安装

图 3.9.2-2 后置埋件安装

2. 立柱安装轴线偏差不应大于 2mm。相邻两根立柱安装标高偏差不应大于 3mm，同层立柱的最大标高偏差不应大于 5mm，相邻两根立柱的距离偏差不应大于 2mm。见图 3.9.2-3。

图 3.9.2-3 立柱安装

3. 横梁安装应牢固。相邻两根横梁的水平标高偏差不应大于 1mm。同层标高偏差：当一幅幕墙宽度小于或等于 35m 时，不应大于 5mm；当一幅幕墙宽度大于 35m 时，不应大于 7mm。见图 3.9.2-4。

图 3.9.2-4 横梁安装

4. 玻璃四周橡胶条的材质、型号应符合设计要求，镶嵌应平整，橡胶条长度应比边框内槽长 1.5%～2.0%，橡胶条斜面断开后应拼成预定的设计角度。见图 3.9.2-5。

5. 隐框或半隐框玻璃幕墙：每块玻璃下端应设置两个铝合金或不锈钢托条，其长度不应小于 100mm，厚度不应小于 2mm，托条外端应低于玻璃外表面 2mm。

6. 明框玻璃幕墙：玻璃与构件不得直接接触，玻璃四周与构件凹槽底部应保持一定空隙，每块玻璃下部应至少放置两块宽度与槽口宽度相同、长度不小于 100mm 的弹性定位垫块。玻璃两边嵌入量及空隙应符合设计要求。

图 3.9.2-5　胶条安装

7. 全玻幕墙玻璃两边嵌入槽内深度及预留空隙应符合设计要求，左右空隙尺寸宜相同。见图 3.9.2-6。

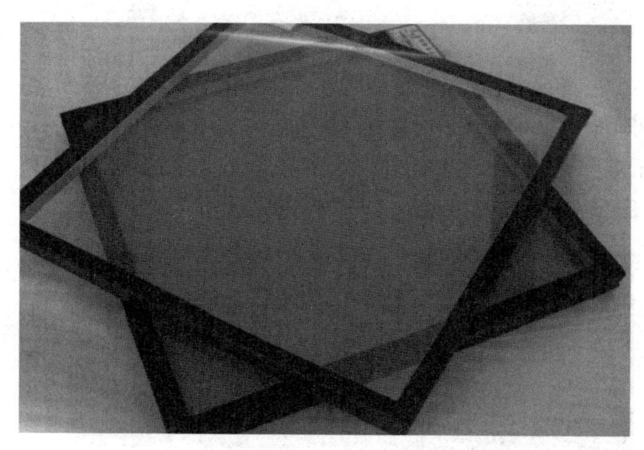

图 3.9.2-6　玻璃安装

8. 点支玻璃幕墙爪件安装前应精确定出其安装位置，活动不锈钢爪间的中心距离应大于 250mm。见图 3.9.2-7。

图 3.9.2-7　点支撑玻璃安装

9. 硅酮建筑密封胶的施工厚度应大于 3.5mm，施工宽度不宜小于施工厚度的 2 倍。硅酮建筑密封胶在接缝内应两对面粘结，不应三面粘结。见图 3.9.2-8。

图 3.9.2-8　密封胶注胶

10. 开启窗的配件应齐全，安装应牢固，安装位置和开启方向、角度应正确，开启应灵活，关闭应严密。见图 3.9.2-9。

图 3.9.2-9　开启扇安装

3.10　外墙工程

3.10.1　外墙外保温工程

1. 板材保温层施工

(1) 铺贴时，竖缝应逐行错缝。墙角处保温板应交错互锁。见图 3.10.1-1。

(2) 门窗洞口四角处保温板不得拼接，应采用整块板材切割成形，板材接缝应离开角部不少于 200mm。

(3) 保温层应包覆门窗框外窗洞口、女儿墙以及封闭阳台等热桥部位。见图 3.10.1-2。

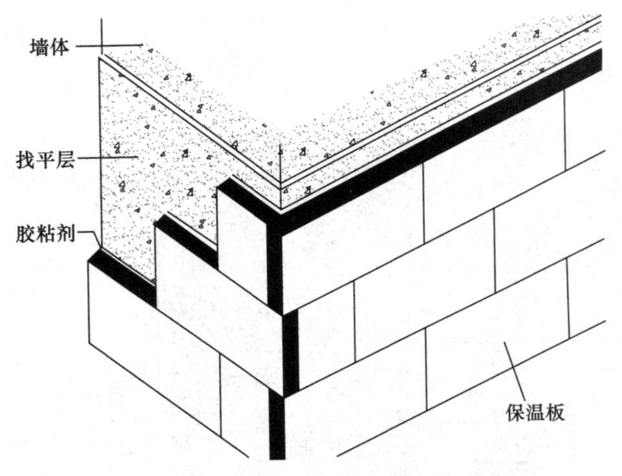

图 3.10.1-1　错缝铺贴、角部互锁

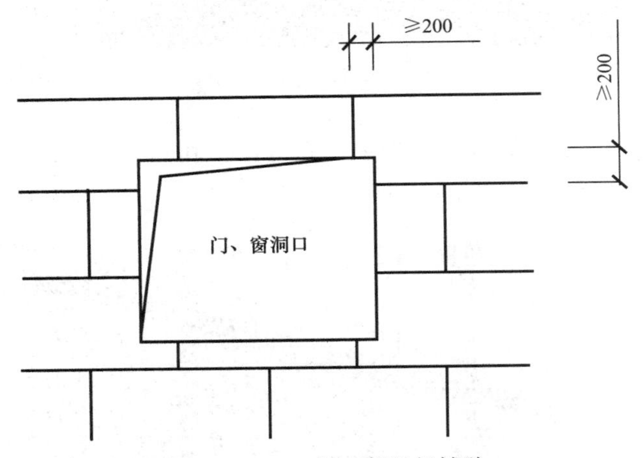

图 3.10.1-2　洞口保温板铺贴

（4）锚栓入结构墙位置、深度、间距、数量应符合要求，锚栓紧固后应低于保温板面 1～2mm。见图 3.10.1-3。

图 3.10.1-3　锚栓

（5）保温板安装后应及时做抹面层。薄抹面层厚度应不小于 3mm，不大于 6mm。厚抹面层厚度应为 25～30mm。薄抹面层玻纤网不得直接铺贴在保温板表面，不得干搭接，不得外露。

（6）玻纤网格布应满铺，且在铺贴大面网格布前，应先铺贴门、窗洞口四周及角部加强网。见图 3.10.1-4。

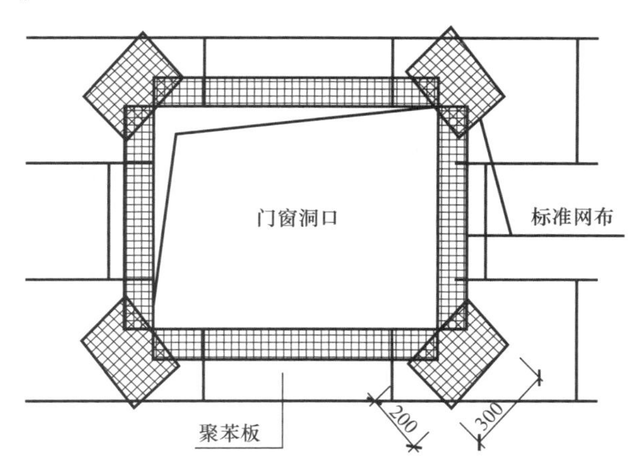

图 3.10.1-4　洞口周边加强网格布

2. 砂浆料保温层施工

（1）无机保温砂浆应分层施工、逐层抹压，每层厚度控制在 10～20mm，上一层凝结 48h 后方可抹下一层。见图 3.10.1-5。

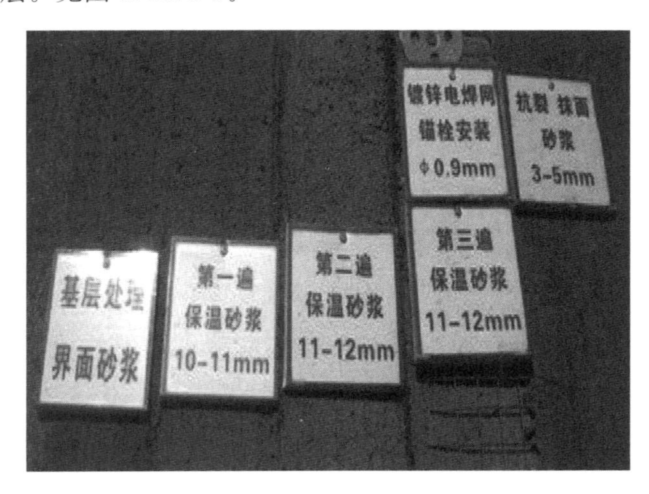

图 3.10.1-5　保温砂浆分层施工做法

（2）网格布压入第一遍抗裂砂浆不得过深，表面网纹应显露，压实平整，不得有皱褶、翘边、空鼓等。相邻网格布搭接宽度应不小于 50mm。第二遍抗裂砂浆完成后，应不显网格痕迹。见图 3.10.1-6。

3.10.2　外墙涂饰工程

1. 腻子分两遍施工，每遍厚度控制在 1mm 为宜，应待第一遍腻子干燥后再刮第二遍腻子。

图 3.10.1-6　网格布抹压

2. 打磨应待腻子干燥后进行，打磨后基层平整度达到在侧面光照下无明显批刮痕迹、无粗糙感，表面光滑为宜。且打磨后应立即清除表面灰尘。见图 3.10.2-1。

图 3.10.2-1　腻子打磨

3. 分格贴条前要弹线保证位置准确无误，宽度误差不大于 2mm。见图 3.10.2-2。

4. 仿石喷砂或喷涂分格时，窗口两侧及窗上口两侧分格要对称一致。见图 3.10.2-3。

5. 面漆有多种颜色时，施工前应根据设计要求进行弹线，按线粘贴纸胶带，胶带不得出现折线和弯曲。施工时胶带部位要采取遮挡措施，确保分色清晰，无污染。见图 3.10.2-4。

3.10.3　外墙饰面砖工程

1. 外墙面大面排砖水平方向全高不多于两行非整砖，首层窗下口一行是整块砖，女儿墙上口一行是整砖，垂直方向阳角应排整砖，非整砖排至阴角或不明显处。见图 3.10.3-1。

2. 外墙阳角采用骑马缝排砖时，正面墙为整砖对侧面墙半块砖，相互对应排列。见图 3.10.3-2。

3. 外墙面采用横条砖装饰时，窗上口采用竖向排砖。洞口两侧必须排整砖，骑马缝整砖与半砖间隔排列，窗口两侧同一行砖对称，窗间墙的同一行砖对称。见图 3.10.3-3。

图 3.10.2-2 分格条

图 3.10.2-3 窗口对称分格

图 3.10.2-4 多色外墙边界清晰

图 3.10.3-1 窗下口整砖、上口竖砖排列

图 3.10.3-2 阳角排砖

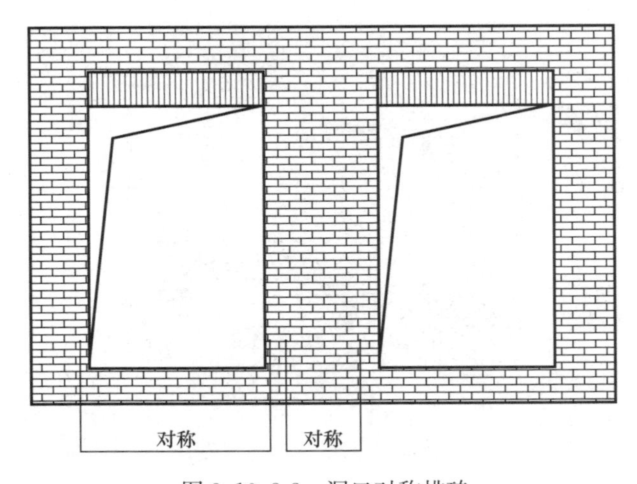

图 3.10.3-3 洞口对称排砖

3.11 建筑细部构造

3.11.1 栏杆、扶手

1. 栏杆安装允许偏差，垂直度 3mm，间距 3mm，扶手直线度 4mm，高度 3mm。见图 3.11.1-1。

图 3.11.1-1 楼梯栏杆、扶手安装

2. 楼梯扶手立柱应位于踏步中间位置。见图 3.11.1-2。

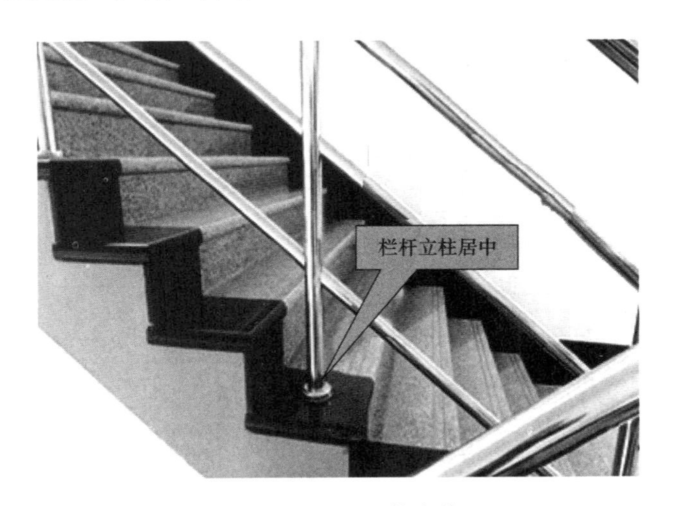

图 3.11.1-2 立柱安装

3.11.2 踢脚线

1. 涂料踢脚线基层应采用耐水腻子，阴角处下返至楼面 20mm。见图 3.11.2-1。

2. 砖、石材踢脚线阳角采用内割角，阴角采用 45°割角对缝。踢脚线上口磨光，分色清晰一致。见图 3.11.2-2。

3. 踢脚线与地面砖通缝铺贴。见图 3.11.2-3。

图 3.11.2-1 涂料踢脚线

图 3.11.2-2 石材、瓷砖踢脚线

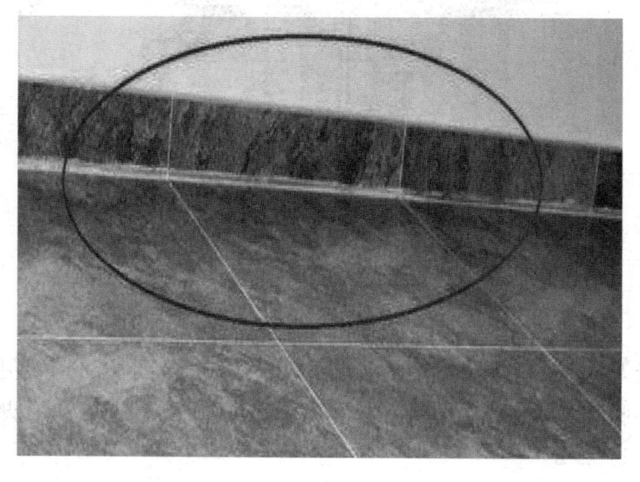

图 3.11.2-3 踢脚线与地砖通缝

3.11.3 滴水线

1. 在楼梯井、檐口、凸窗台、窗眉、阳台、雨棚、女儿墙压顶、屋面连梁、突出外墙面的腰线及装饰凸线等部位，其下部应有滴水线（槽）。

2. 滴水线应顺直，与墙面距离一致。宽度和深度均应不小于10mm。见图3.11.3-1～图3.11.3-3。

图3.11.3-1 楼梯井滴水槽

图3.11.3-2 窗眉滴水槽

图3.11.3-3 屋面构件滴水槽

3. 滴水线不可通到墙边，应在离墙面50mm的地方截断。见图3.11.3-4。

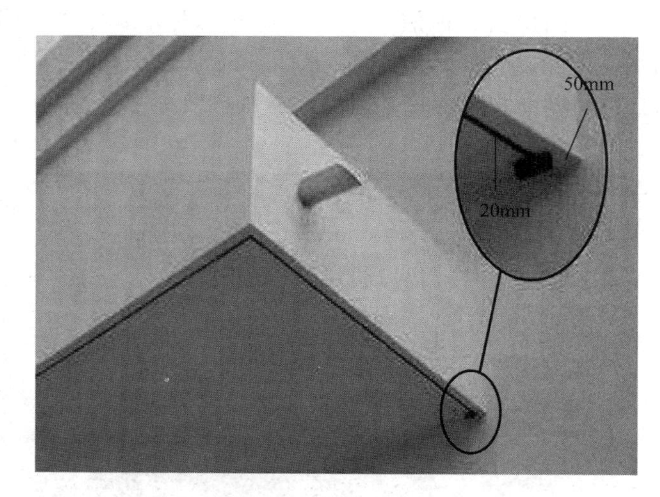

图3.11.3-4　雨棚滴水槽

3.11.4　屋面爬梯

屋面爬梯必须采用整体式做法；禁止爬梯踏步采用单根圆钢植入墙面做法。见图3.11.4-1。

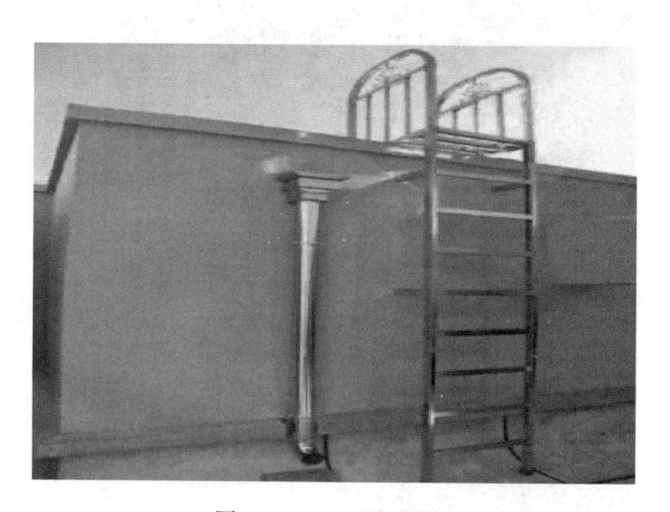

图3.11.4-1　屋面爬梯

3.11.5　室外散水

1. 散水与外墙间设缝，宽度10mm；横向分格缝间距不大于6m，宽度20mm；外墙阴阳角处设断缝，宽度20mm，分格缝与阴阳角两侧墙面夹角相同。

2. 分格缝注胶或灌沥青砂，胶面平整、光滑、顺直、宽窄一致。见图3.11.5-1。

3.11.6　变形缝

1. 楼面变形缝装置预留槽口宽度应大于设计宽度，深度大于设计深度0～5mm。见图3.11.6-1。

图 3.11.5-1 室外散水

图 3.11.6-1 地面变形缝

2. 墙面、顶棚变形缝两侧应平整，宽度一致。见图 3.11.6-2。

3. 屋面变形缝两侧按图纸设计要求预留，变形缝做法应符合设计要求。见图 3.11.6-3。

4. 外墙变形缝与结构墙采用膨胀螺栓固定，以缝隙为中心，两侧对称按变形缝宽度放样，准确定出基座和膨胀螺栓的位置，间距应符合安装图纸要求。

5. 外墙与变形缝间嵌缝密封胶应饱满，深浅一致，光滑、顺直。见图 3.11.6-4。

图 3.11.6-2　墙面、顶棚变形缝

图 3.11.6-3　屋面变形缝

图 3.11.6-4　外墙变形缝

第四章 屋面工程

4.1 基层处理

1. 应清理结构层或保温层上的松散杂物，凸出基层表面的硬物应剔平扫净。见图 4.1-1。

图 4.1-1　基层清理

2. 突出屋面的管道、支架等根部，应用细石混凝土堵实和固定。见图 4.1-2。

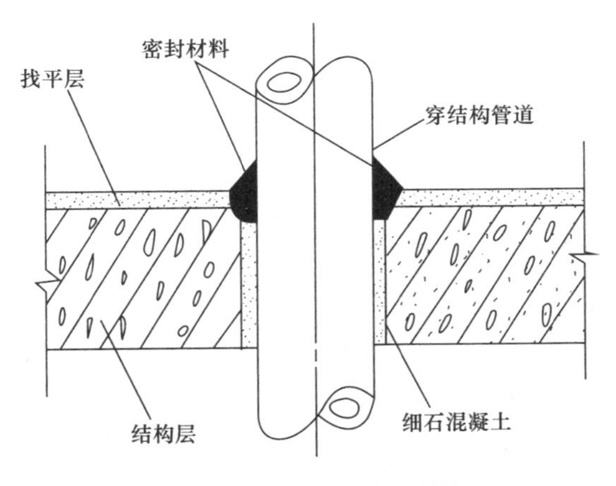

图 4.1-2　出屋面管根封堵

4.2 找坡层和找平层施工

1. 材料找坡应分层铺设和适当压实，表面应平整和粗糙，并适时浇水养护。见图 4.2-1、图4.2-2。

图 4.2-1　发泡混凝土找坡分层浇筑

图 4.2-2　炉渣找坡层

2. 找平层施工前，先铺设并固定分格条，分隔条宽度宜为 5～20mm，分隔条纵横间距不宜大于 6m。见图 4.2-3。

图 4.2-3　找平层分格条安装

3. 排汽构造：找平层分隔缝兼作排汽道，宽度为40mm。排汽道应纵横贯通，间距6m，每$36m^2$设一个排汽孔，排汽孔设在檐口下或排汽道交叉处，排汽孔作防水处理。见图4.2-4。

图4.2-4 排汽孔做法

4. 找平层材料配合比应符合设计要求。施工时，应在水泥初凝前压实抹平，水泥终凝前完成收水后应二次压光。二次抹面结束后应覆盖土工布浇水养护，防止砂浆失水开裂。养护时间不得少于7d。确保找平层表面不得有起砂现象。见图4.2-5、图4.2-6。

图4.2-5 找平层二次压光

图4.2-6 覆盖养护

5. 找平层作为防水层的基层时，其与突出屋面结构的交接处、转角处应做成圆弧形，且应整齐平顺。见图 4.2-7。

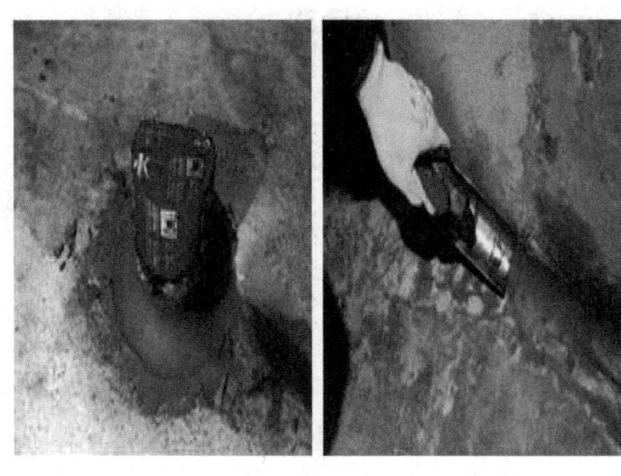

图 4.2-7　防水基层圆弧处理

4.3　保温层施工

1. 板状材料保温层铺贴

（1）干铺法：保温板应紧贴在基层表面，铺平垫稳，分层铺贴的板材上下层接缝应相互错开，板间缝隙应采用同类材料的碎屑嵌填密实。见图 4.3-1。

图 4.3-1　干铺法铺贴保温板

（2）粘结法：胶粘剂应与保温板的材性相容，应贴严、粘牢，平面接缝应挤紧拼严，不得在板块侧面涂抹胶粘剂，超过 2mm 的缝隙应采用相同材料的板条填塞严实。在胶粘剂固化前不得上人踩踏。见图 4.3-2。

2. 喷涂硬泡聚氨酯保温层施工时，配合比应准确计量，发泡厚度应均匀一致。保温层应分遍喷涂完成，每遍厚度不宜大于 15mm，粘结应牢固，表面应平整，找坡应正确。当日的作业面应当日连续喷涂施工完毕。硬泡聚氨酯喷涂后 20min 内严禁上人。见图 4.3-3。

图 4.3-2 粘贴法铺贴保温板

图 4.3-3 发泡喷涂硬泡聚氨酯保温层

4.4 隔热层施工

1. 种植隔热层施工

(1) 凹凸型排水板采用搭接法施工，搭接宽度应根据产品的规格确定。见图 4.4-1。

图 4.4-1 凹凸型排水板搭接铺贴

（2）网状交织排水板宜采用对接法施工。见图 4.4-2。

图 4.4-2 网状交织排水板对接铺贴

（3）过滤层土工布铺贴应平整、无皱折，搭接宽度不小于 100mm，搭接宜采用粘合或缝合处理，土工布应沿种植土周边向上铺贴至种植土高度。见图 4.4-3。

图 4.4-3 铺设土工布

（4）种植土的厚度及自重应符合设计要求，种植土表面应低于挡墙高度 100mm。见图 4.4-4。

图 4.4-4 种植土高度

2. 架空隔热层施工

架空隔热制品距离山墙或女儿墙不得小于250mm。见图4.4-5。

图4.4-5 架空层与山墙距离

4.5 卷材防水层施工

1. 基层应坚实、干净、平整，无孔隙、起砂和裂缝，基层干燥程度应根据防水卷材的特性确定。见图4.5-1。

图4.5-1 防水卷材基层清理

2. 涂刷基层处理剂应与卷材相容，配比应准确，搅拌均匀，基层表面应喷、涂刷均匀，无堆积，干燥后（以不粘脚为准）及时铺贴卷材。见图4.5-2。

3. 檐沟、天沟与屋面交接处、屋面平面与立面交接处、出屋面管道根部、水落口等部位，附加层每边宽度应不少于250mm。见图4.5-3、图4.5-4。

4. 平屋面（坡度小于3%）卷材宜平行屋脊由屋面最低处向上铺贴，上下层卷材不得相互垂直铺贴，搭接缝应顺流水方向。见图4.5-5。

图 4.5-2 涂刷基层处理剂

图 4.5-3 阴阳角附加层铺贴

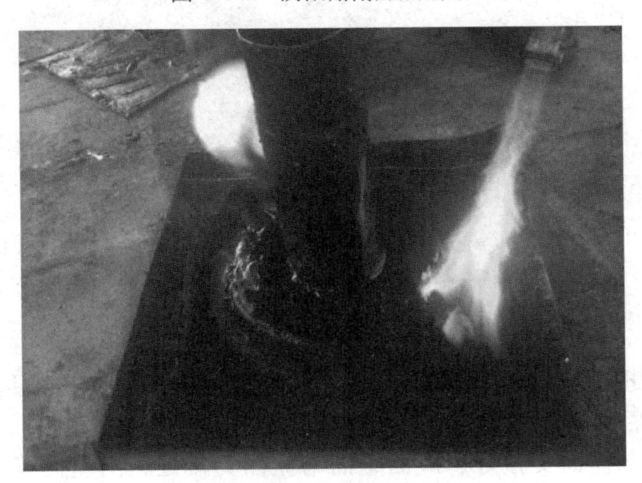

图 4.5-4 管根附加层铺贴

5. 坡屋面（坡度大于 15%）卷材应垂直于屋脊铺贴，且应采用满粘法或钉压固定措施，并宜减少卷材短边搭接。见图 4.5-6。

图 4.5-5 平屋面卷材平行屋脊铺贴

图 4.5-6 大坡屋面卷材垂直屋脊铺贴

6. 檐沟、天沟卷材宜顺长度方向铺贴，搭接缝应顺流水方向。

7. 卷材搭接宽度满粘法不少于 80mm，空铺法等不少于 100mm。同一层相邻两幅卷材短边搭接缝错开应不少于 500mm。上下层卷材长边搭接缝应错开不小于幅宽的 1/3。见图 4.5-7。

图 4.5-7 卷材搭接缝设置

8. 热熔法封边：将卷材搭接处加热，以边缘溢出沥青胶为度，溢出宽度以 8mm 左右并均匀顺直为宜；末端收头可用密封膏嵌填密实。多层铺贴时，每层封边必须封牢，不得只将面层封牢。见图 4.5-8。

图 4.5-8　卷材热熔封边

9. 防水层和附加层伸入水落口杯内不应小于 50mm，并粘结牢固。见图 4.5-9。

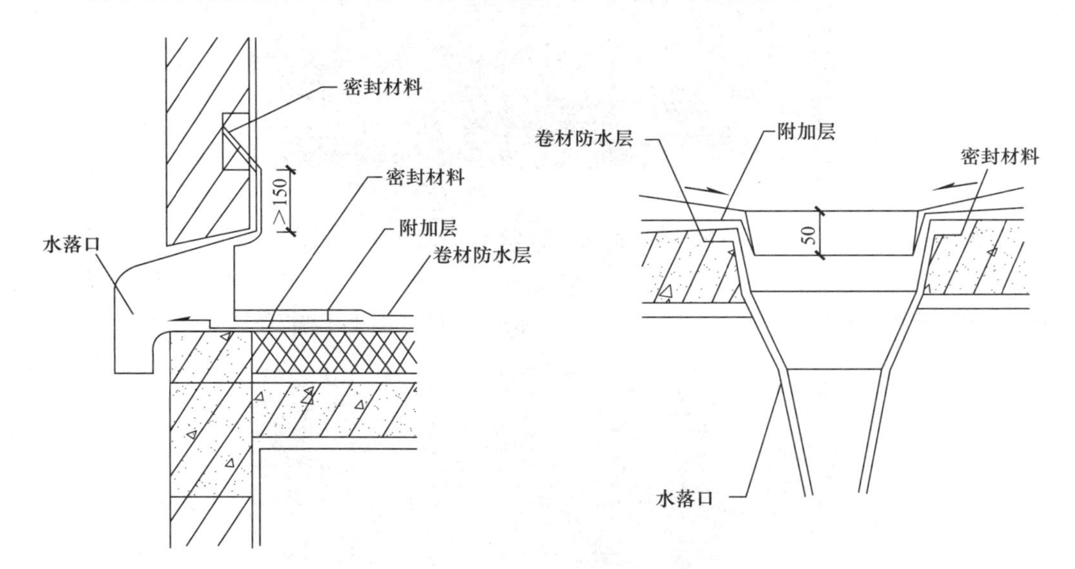

图 4.5-9　水落口防水层做法

10. 屋面防水卷材收口用金属压条固定，固定点间距不大于 500mm。见图 4.5-10。

11. 屋面泛水部位卷材上翻高度不应小于 250mm。见图 4.5-11。

12. 热熔法铺贴防水卷材时，卷材加热应均匀，应以卷材表面熔融至光亮黑色为度，不得过分加热。厚度小于 3mm 的高聚物改性沥青防水卷材，严禁采用热熔法施工。见图 4.5-12。

图 4.5-10　卷材收口做法

图 4.5-11　屋面泛水部位卷材高度

图 4.5-12　热熔法铺贴卷材

4.6 涂膜防水层施工

1. 双组份或多组份防水涂料应按配合比准确计量，搅拌应均匀。已配置的涂料应及时使用。见图 4.6-1。

图 4.6-1 涂料搅拌均匀

2. 防水涂料应多遍涂布，并应待前一遍涂料干燥成膜后，再涂布后一遍涂料，且前后两遍涂料的涂布方向应相互垂直。见图 4.6-2。

图 4.6-2 防水涂料多遍涂刷

3. 涂膜层夹铺胎体增强材料时，宜边涂布边铺胎体。胎体应铺贴平整，排除气泡，并应与涂料粘结牢固。胎体上涂布涂料时，应使涂料浸透胎体，并完全覆盖，不得有胎体外露。见图 4.6-3。

4. 胎体增强材料长边搭接宽度不应小于 50mm，短边搭接宽度不应小于 70mm。上下层胎体增强材料的长边搭接接缝错开距离应不小于幅宽的 1/3，上下层胎体增强材料不得相互垂直铺设。见图 4.6-3。

图 4.6-3 涂膜层胎体增强材料铺贴

5. 涂膜总厚度应符合设计要求，可采取针测法或取样量测。最上面的涂膜厚度不应小于 1.0mm。见图 4.6-4。

图 4.6-4 涂膜厚度

4.7 防水层淋水、蓄水试验

1. 有女儿墙的平屋面做蓄水试验，蓄水 24h 无渗漏为合格。见图 4.7-1。

图 4.7-1 平屋面防水层蓄水试验

2. 坡屋面做淋水试验，淋水 2h 无渗漏为合格。见图 4.7-2。

图 4.7-2　坡屋面防水层淋水试验

4.8　保护层施工

1. 水泥砂浆保护层应抹平压光，表面不得有裂纹、脱皮、麻面、起砂等缺陷。表面分格缝分格面积宜为 $1m^2$。见图 4.8-1。

图 4.8-1　水泥砂浆保护层

2. 细石混凝土保护层不宜留施工缝。混凝土应振捣密实，表面抹平压光，不得有裂纹、脱皮、麻面、起砂等缺陷。分格缝纵横间距不应大于 6m，分格缝宽宜为 10～20mm。见图 4.8-2。

3. 块体材料保护层，砂结合层应平整，块体间应留 10mm 宽缝隙，缝内填砂，用 1∶2 水泥砂浆勾缝。分格缝纵横间距不应大于 10m，分格缝宽宜为 20mm。见图 4.8-3。

4. 保护层与女儿墙和山墙之间应留设 30mm 缝隙，缝隙填塞聚苯乙烯泡沫塑料，并用密封材料嵌填密实。

图 4.8-2 细石混凝土保护层

图 4.8-3 块体材料保护层

5. 分格缝内垃圾应清理干净，用密封材料嵌填。见图 4.8-4、图 4.8-5。

图 4.8-4 分格缝清理

图 4.8-5　分格缝密封

6. 水泥砂浆和细石混凝土保护层分隔缝覆盖防水材料，宽度 200mm。见图 4.8-6。

图 4.8-6　分格缝密封

4.9　瓦屋面施工

1. 顺水条应顺流水方向铺钉在基层上，间距不宜大于 500mm，铺钉应牢固、平整。

2. 挂瓦条应铺钉牢固、平整，上楞成一直线。间距应与瓦片尺寸相符。檐口第一根挂瓦条应保证瓦头出檐口 50～70mm，屋脊两坡最上面的一根挂瓦条应保证脊瓦在坡面瓦上的搭盖宽度不小于 40mm。见图 4.9-1。

3. 木质顺水条、挂瓦条做防腐、防火、防蛀处理。金属顺水条、挂瓦条做防锈处理。见图 4.9-2、图 4.9-3。

4. 沥青瓦屋面与立墙及伸出屋面的烟囱、管道的交接处，均应做泛水。在其周边与立面 250mm 范围内铺设附加层。见图 4.9-4、图 4.9-5。

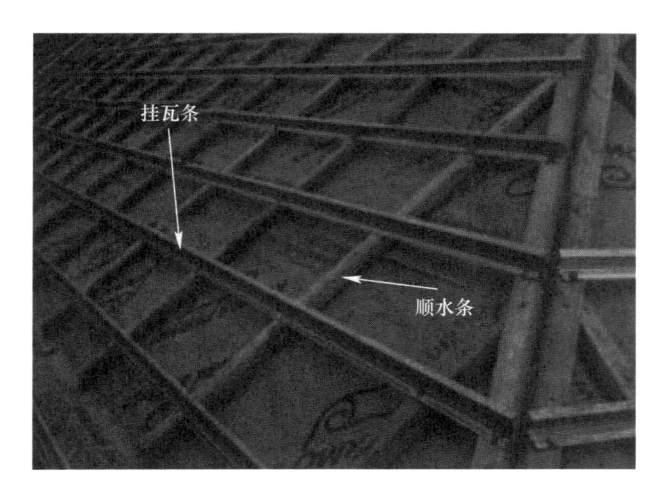

图 4.9-1 顺水条、挂瓦条铺钉

图 4.9-2 木质材料防腐、防火、防虫处理

图 4.9-3 金属材料防锈处理

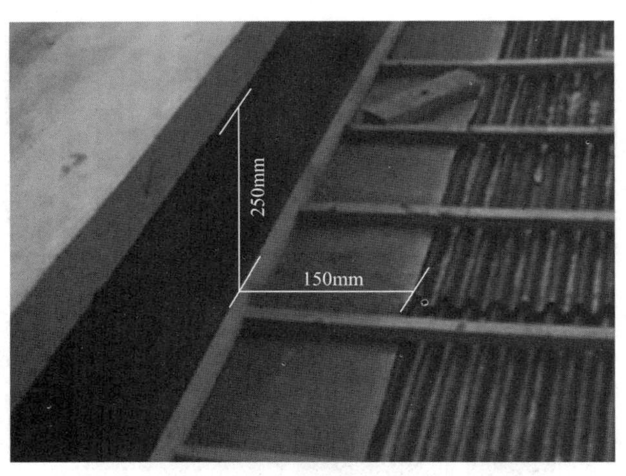

图 4.9-4　立墙泛水尺寸

图 4.9-5　出屋面管道泛水尺寸

5. 瓦片应铺挂整齐，搭接紧密，做到瓦榫落槽、瓦脚挂牢、瓦头排齐，无翘角和张口现象，檐口成一直线。见图 4.9-6。

图 4.9-6　瓦片铺贴整齐

6. 瓦屋面完成后，应做雨后观察或淋水试验 2h，不得有渗漏现象。见图 4.9-7。

图 4.9-7 瓦片淋水试验

4.10 细部工程做法

1. 女儿墙及出屋面构造底部做弧形泛水，高度 250mm。见图 4.10-1。

图 4.10-1 屋面弧形泛水

2. 出屋面管道根部、屋面设备支架、接地线和线管根部做挡水台，高度不低于 150mm。见图 4.10-2、图 4.10-3。

3. 屋面排汽道间距宜为 6m，排气道宽度 20～40mm，排汽孔在纵横排气道和分格缝交叉处。见图 4.10-4。

4. 屋面雨水管出水口水簸箕采用成品制品。见图 4.10-5。

5. 女儿墙水落口铸铁箅子在防水层完成后压入杯口，对口严密。见图 4.10-6。

6. 平面水落口周围 500mm 范围内面层坡度不应小于 5%。水落口安装完成后，边缘应密封处理。水落口的进水口高度应保证天沟内雨水能排净。见图 4.10-7。

图 4.10-2　出屋面管根处理

图 4.10-3　屋面设备支架、接地线、线管根部处理

图 4.10-4　屋面排汽孔样式

图 4.10-5 屋面水簸箕样式

图 4.10-6 女儿墙水落口样式

图 4.10-7 平面水落口样式

第五章　建筑给水排水及供暖

5.1　管道预留预埋

5.1.1　刚性套管、预留洞口预留预埋

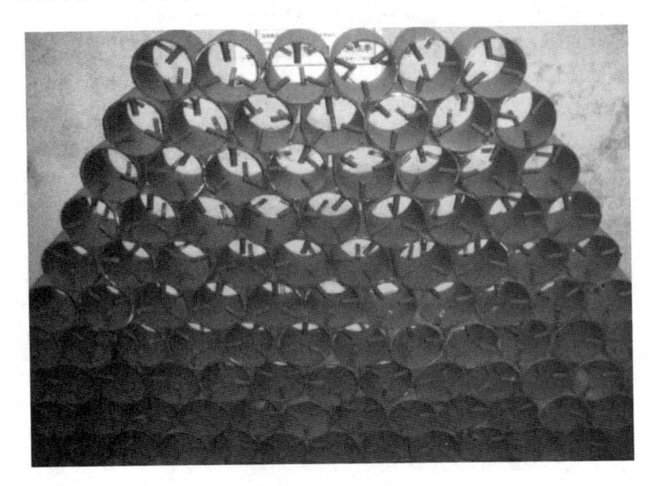

图 5.1.1-1　穿墙、穿楼板套管预制

1. 刚性套管在预留前需进行刷漆防腐。见图 5.1.1-2。

图 5.1.1-2　预留洞套管加工样品

2. 预留套管尺寸

（1）根据设计要求对钢套管进行加工，套管尺寸的允许偏差为：±2mm。

(2) 一般套管内径比穿过套管管道的外径大两号(*DN*150 及以上的大一号)。见图 5.1.1-3。

图 5.1.1-3 结构预留洞方式

3. 根据图纸尺寸找到套管的实际位置，以梁的下底面为标准，确定套管的标高，然后将套管放在确定的位置，在套管两头的下底面各放置一根扁钢，将扁钢焊在套管两边的箍筋上，在套管两头的上方各放置一根 $\phi 8$ 或 $\phi 10$ 的圆钢，将圆钢弯成圆弧形将套管卡死并结实的绑在箍筋上。

5.1.2 防水套管预留预埋

图 5.1.2-1 刚性防水套管制作

1. 防水套管安装质量要求

(1) 套管管口平整，管边无飞边毛刺。

(2) 止水环焊接规范，焊缝饱满平整，焊接牢固。

(3) 焊后及时清理焊渣及表面污物。见图 5.1.2-2。

2. 防水套管预埋

(1) 套管标高和安装位置定位准确。

图 5.1.2-2　刚性防水套管安装

（2）增设附加钢筋点焊固定套管，固定牢固。

（3）成品保护，封堵端口，防止堵塞。见图 5.1.2-3。

图 5.1.2-3　穿楼板刚性防水套管预埋

3. 套管排列

（1）套管排列整齐，固定牢固。

（2）管口封堵保护良好。

（3）下部与楼板平齐，上部套管应高出地 20mm，卫生间和厨房应高出楼地面 50mm。

5.1.3　柔性防水套管预留预埋

柔性套管安装：

（1）在墙体钢筋捆扎过程中配合土建进行安装。

（2）套管标高、轴线定位准确，安装牢固。

（3）套管安装好后，套管必须与侧模垂直。见图 5.1.3-1、图 5.1.3-2。

图 5.1.3-1 柔性防水套管

图 5.1.3-2 柔性防水套管安装

5.2 支架制做与安装

5.2.1 水平管道支架

1. 结构设计新颖、成型美观。见图 5.2.1-1、图 5.2.1-2。

2. 沟槽弯头两端设立支架，避免沟槽配件卡箍连接处受力。见图 5.2.1-3。

3. 管道支架排布

(1) 支架倒角经打磨处理，表面平整，成 45°，符合要求。

(2) 水管和木托、木托和扁钢之间无缝隙。见图 5.2.1-4。

4. 管道安装横平竖直，支架设置美观合理。多根管道共用支架，管道之间间距均匀。支架抱箍处螺母下端丝杆长度统一为 2～3 丝。见图 5.2.1-5。

图 5.2.1-1　水管保温托架形式

图 5.2.1-2　管道弯头处支架安装

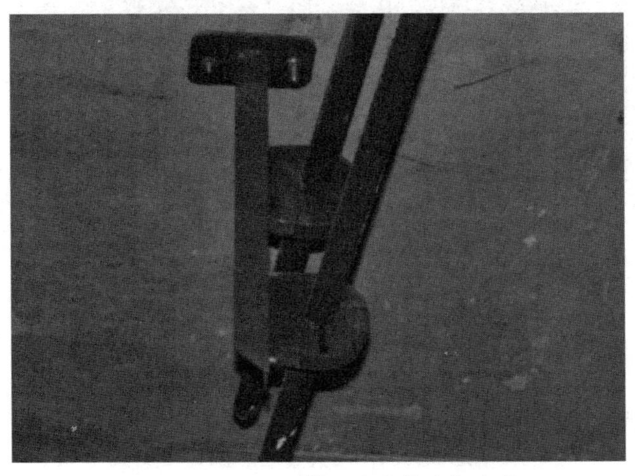

图 5.2.1-3　空调供回水支管支架安装

5. 成排管道排布要求

（1）采用共用支架，管道排列整齐、间距一致。圆钢抱箍、管道、槽钢支架三者之间紧密相贴，固定牢固。

（2）管道穿墙处收口精致美观，管道刷漆鲜亮。

图 5.2.1-4 走廊管道支架排布

图 5.2.1-5 成排消防管道安装

5.2.2 垂直管道支架

1. 垂直支架安装

（1）钢板及角钢组合、朝向合理。

（2）支架倒角打磨处理。见图 5.2.2-1～图 5.2.2-3。

图 5.2.2-1 单立管支架安装形式

图 5.2.2-2 竖井立管支架制作安装形式（一）

图 5.2.2-3 竖井立管支架制作安装形式（二）

2. 垂直支架安装要求

（1）支架、水管横平竖直。多根管道共用支架，管道之间间距均匀。

（2）水管穿楼板增设套管并进行防火封堵，套管出楼板长度一致符合规范。见图 5.2.2-4。

图 5.2.2-4 管井内镀锌立管承重支架设置

3. 立管固定支架

(1) 采用槽钢做承重支承件。

(2) 支架与管道之间用圆弧钢板焊接，经过镀锌后，进行二次安装。见图 5.2.2-5。

图 5.2.2-5 立管固定支架安装形式

4. 保温管道固定件与支架之间垫防腐木方，防止形成冷桥。

5.2.3 机房管道支架

1. 空调水水管共用同一个门字型落地支架，上下两层进行分层固定。见图 5.2.3-1、图 5.2.3-2。

图 5.2.3-1 空调水管道共用支架安装形式

2. 机房管道支架

(1) 采用落地支架进行支撑。

(2) 支架采用法兰活连接，使管道有一定的收缩空间，起到减震的作用。

5.2.4 机房设备支架

1. 阀门支架设置形式

(1) 采用圆弧形托架支撑阀门，支架与阀门接触面积较大，确保阀门的平稳。

(2) 支架根部增加支墩，除美观外还能使地面受力均匀。见图 5.2.4-1～图 5.2.4-3。

图 5.2.3-2　水泵进水口翻弯处支架安装形式

图 5.2.4-1　阀门支架设置形式

图 5.2.4-2　消防水泵进出水管道支架安装形式

图 5.2.4-3　空调水泵进出水管道支架安装形式

2. 图中设置落地支架，均是加大对水泵进出口竖向管道的支撑。

5.3 管道安装

1. 熔接管道的结合面应有一均匀的熔接圈，不得出现局部熔瘤或熔接圈凸凹不匀的现象。见图 5.3-1、图 5.3-2。

图 5.3-1　虹吸雨水管道热熔连接

2. 管道焊接

(1) 此处采用 V 形坡口。

(2) 超过 3mm 壁厚的管道必须坡口。

(3) 坡口端面倾斜偏差不应大于管道外径的 1%。见图 5.3-3。

3. 焊接尺寸及质量标准

(1) 焊缝外形尺寸应符合图纸和工艺标准的规定，焊缝高度不得低于母材表面，焊缝与母材应圆滑过渡。

(2) 焊缝及热影响区表面应无裂纹、未熔合、未焊透、夹渣、弧坑和气孔等缺陷。见图 5.3-4。

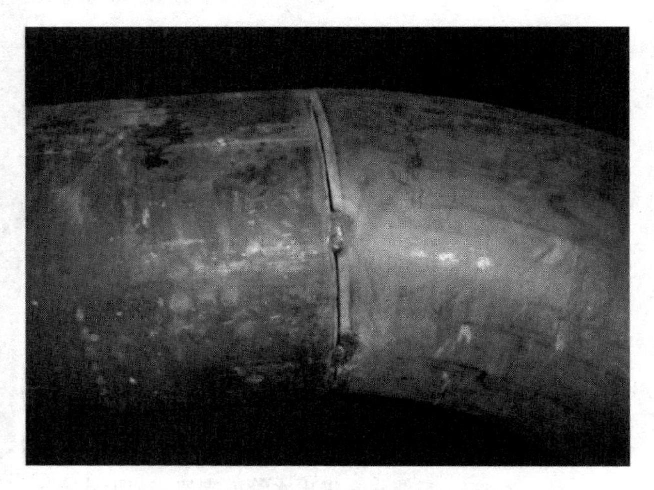

图 5.3-2　管道焊接前对管道进行坡口

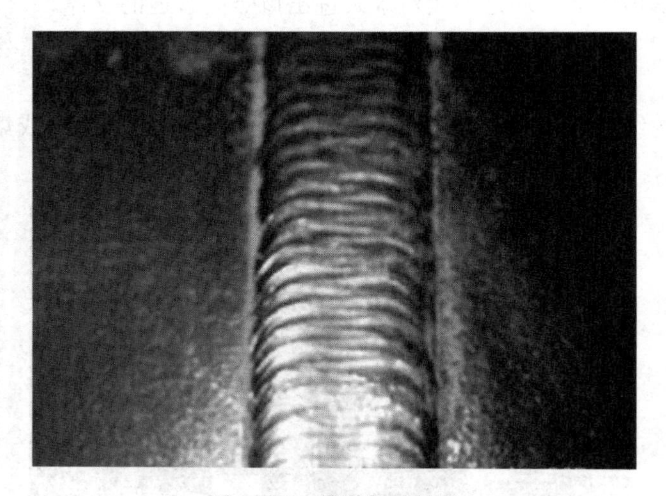

图 5.3-3　管道焊接效果

图 5.3-4　穿墙管道根部处理平整美观

4. 管道与穿墙套管之间缝隙宜用阻燃密实材料填实，且端面应光滑。管道的接口不得设在套管内。见图 5.3-5。

图 5.3-5 穿楼板套管设置

5. 穿楼板管道设置

(1) 管道穿越楼板，应设置金属或塑料套管。

(2) 成排套管出地坪高度保持一致。安装在楼板内的套管，其顶部应高出装饰地面 20mm；安装在卫生间及厨房内的套管，其顶部应高出装饰地面 50mm，底部应与楼板底面相平。见图 5.3-6。

图 5.3-6 穿墙管道安装

6. 穿楼板管道质量要求

(1) 管道穿过墙壁，应设置金属或塑料套管。

(2) 安装在墙壁内的套管其两端与饰面相平。管道的接口不得设在套管内。

(3) 管道居中穿越套管，保证管道与套管同心。见图 5.3-7、图 5.3-8。

图 5.3-7　空调水支管安装（一）

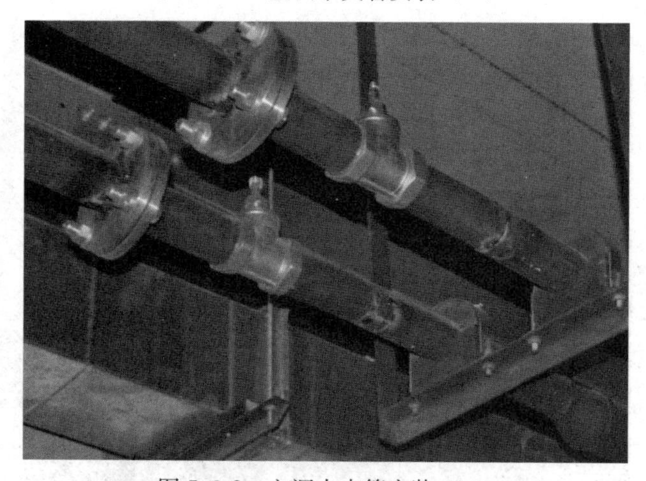

图 5.3-8　空调水支管安装（二）

7. 空调水支管安装

（1）丝接阀门附近管道采用法兰连接，以便维修。

（2）避免使用活接头，活接头易发生漏水。

（3）根据管径，参照图集选择支架的形式及尺寸。支架倒角打磨处理。

（4）保温管道与支架间须加装防腐木托。

（5）管道穿墙处预留穿墙套管，套管与管道安装同心。见图 5.3-9。

图 5.3-9 成排镀锌管道安装

8. 成排管道安装时注意事项

（1）管道之间净距有限时，管道连接法兰可以错位设置。

（2）图中各法兰间距均匀，布置美观。

（3）连接法兰的螺栓朝向一致，直径和长度应符合标准，拧紧后，突出螺母的长度不应大于螺杆直径 1/2。见图 5.3-10。

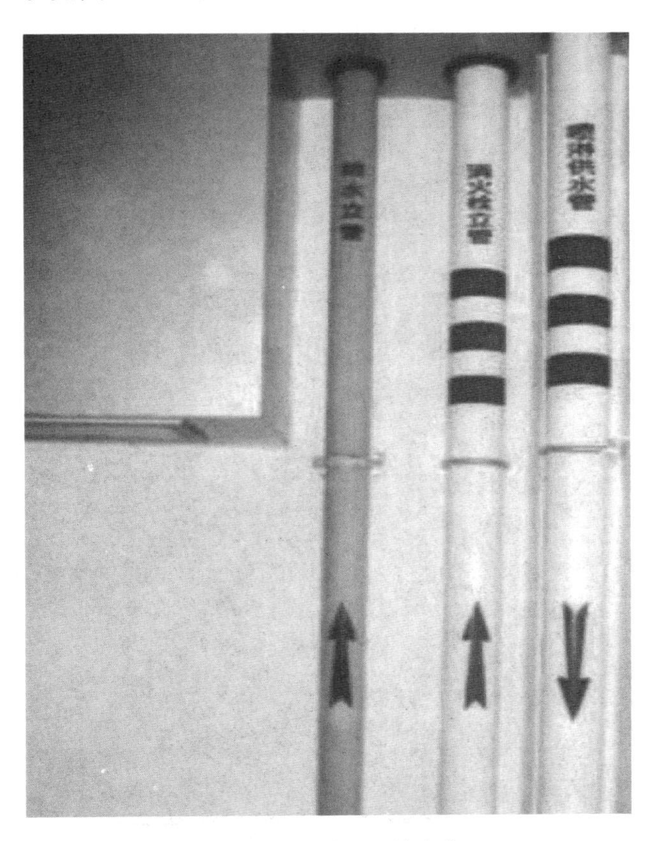

图 5.3-10 管井立管安装

9. 管井管道标识

（1）各种管道标识明显。

（2）水流方向明确。

（3）立管顶部采用装饰圈收口。见图 5.3-11。

图 5.3-11　屋面给水干管敷设

10. 屋面管道排布

（1）管道排布整齐美观，间隔均匀，在管架上并排布置的管道外表净距不应小于 50mm。

（2）管道支架设置符合规范，图中管道公称直径为 $DN150$，管道支架的间距不大于 8m。见图 5.3-12。

图 5.3-12　管井空调水立管与横干管连接

11. 管井内管道排布横平竖直，整齐划一。管道之间净距分布均匀，确保管道保温后，保温层外表面间距不小于 80mm。见图 5.3-13。

图 5.3-13 透气管及支架安装形式

12. 透气管应高出屋面 300mm，但必须大于最大积雪厚度。在上人屋面，通气管应高出屋面 2m，并设置防雷装置，图中利用扁钢接地，标识明确。见图 5.3-14。

图 5.3-14 空调处理机组冷凝水管道安装

13. 空调冷凝水管道

（1）为防止空调机组冷凝水排放不畅或出现停机漏水现象，冷凝水管必须安装存水弯，存水弯内水封高度必须大于机内静压。

（2）不要将冷凝水管连接到密闭的排水系统。

（3）冷凝水管需要保温，防止凝露、凝水。见图 5.3-15。

图 5.3-15　成排波纹补偿器安装

14. 成排波纹补偿器安装

（1）管道穿越伸缩缝处需要安装波纹补偿器，穿墙处用防火泥封堵。

（2）波纹补偿器轴线与相连的管道轴线必须对正，安装过程中不能强制找正螺栓孔。

（3）波纹补偿器前后必须设置固定支架，支架间距应符合规范。见图 5.3-16。

图 5.3-16　成排消防管道安装

15. 成排消防管道安装

（1）明装管道直线部分应互相平行，间距均匀；弯曲部分弯头设置在一条直线上，保持与直线部分等距离。

（2）管道转弯处两侧设置支架，管道刷漆质量良好，管道标识清晰，水流箭头明确。见图 5.3-17。

图 5.3-17 厂房喷淋管道安装

16. 喷淋管道安装

（1）喷淋管道排布整齐，固定牢固。厂房喷淋管道支、吊架应以抱卡形式固定在主、次钢梁上，不宜直接与钢结构焊接，且支、吊架的安装位置不应妨碍喷头的喷水效果。

（2）喷头溅水盘与顶板的距离，不应小于 75mm，且不应大于 150mm；如不满足要求，应在喷头上方设置集热挡水盘。见图 5.3-18。

图 5.3-18 大风管下方喷淋管道安装形式

17. 喷淋头设置原则

（1）当梁、风管、桥架、成排管道或其他障碍物宽度大于 1.2m 时，其下方应增设喷头。喷头置于障碍物下方中部（如上图）。

（2）上图中，喷头短管末端延伸至风管另一侧，并用吊架固定，短管末端设有泄水口，短管坡向泄水口方向，泄水口用管堵封堵。见图 5.3-19。

图 5.3-19 地暖盘管敷设

18. 地暖管敷设

(1) 地暖盘管排列整齐有序，管卡固定牢固。

(2) 盘管埋地部分不应有接头，盘管隐蔽前必须进行水压试验。做好盘管成品保护工作。

(3) 盘管弯曲部分不得出现硬折弯现象，塑料管曲率半径不应小于管道外径的 8 倍。复合管曲率半径不应小于管道外径的 5 倍。见图 5.3-20。

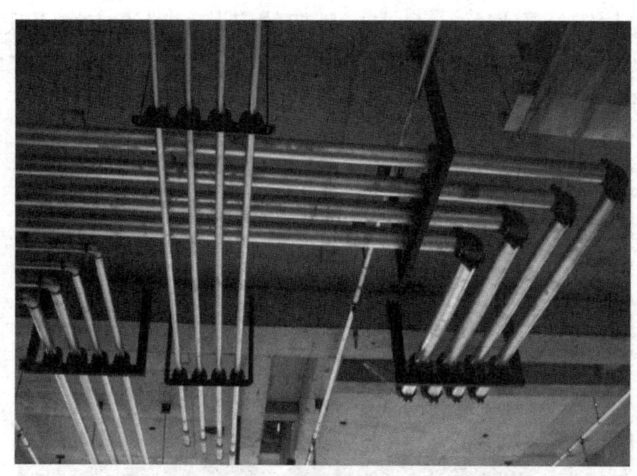

图 5.3-20 管道综合布置

19. 管道综合排布原则

(1) 管道排布清晰，安装整齐划一，管道之间净距均匀。

(2) 管道支架安装平整牢固，图中右侧管道转弯处两端均设置支架，防止管道弯头处受力。见图 5.3-21、图 5.3-22。

20. 屋面冷却水管道安装

(1) 管道排布整齐、阀门设置标高一致且高度合理，便于操作。冷却水供回管道与冷却塔接口连接处应安装软接头。

(2) 为防止冷却塔运行过程中出现冷却水回流倒灌的情况，冷却塔基础上表面应高于冷却水回水干管上表面。

图 5.3-21 屋面冷却水管道安装

图 5.3-22 屋面冷却水管道安装及保温

(3) 右图管道保温层外壳安装精细美观，管道上方搭设拱桥，可保护管道保温层不受践踏、损坏，方便工作人员检查维护。见图 5.3-23。

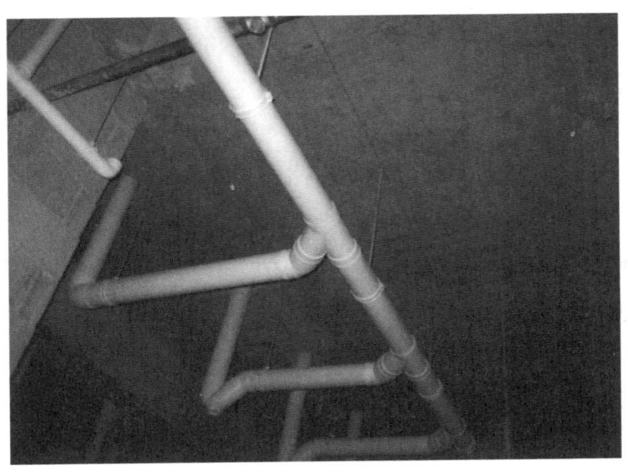

图 5.3-23 卫生间 PVC 排污管道安装

21. 卫生间管道安装

(1) 管道安装前进行“放线”。

(2) 管道支架设置均匀合理。

(3) 管件选择及管道安装形式合理，利于污水排放。见图 5.3-24。

图 5.3-24　直饮水管道安装

22. 直饮水管道安装

(1) 管道排布整齐划一，间距分布均匀。

(2) 管道支架设置合理美观。

(3) 水表，阀门排列整齐一致。

5.4　卫生器具安装

1. 小便器安装

(1) 安装时要求标高一致，排列均匀、整齐，与墙面接缝处打胶处理。

(2) 中心线与墙砖对缝吻合，布置美观合理。见图 5.4-1～图 5.4-3。

2. 与地砖接缝处打胶处理，观感质量良好。

3. 坐便器安装

(1) 坐便器安装时保持前后左右水平。

(2) 出水管口对准下水管口。

图 5.4-1 残疾人卫生间洁具安装，洁具两侧配有安全扶手

图 5.4-2 小便器安装

图 5.4-3 蹲便器安装

（3）背水箱挂在螺栓上，与坐便器中心对准。见图 5.4-4。

图 5.4-4　坐便器安装

4. 地漏居中，安装应平正、牢固、低于排水表面不小于 5mm。为防止臭气返溢，地漏水封高度不得小于 50mm。见图 5.4-5。

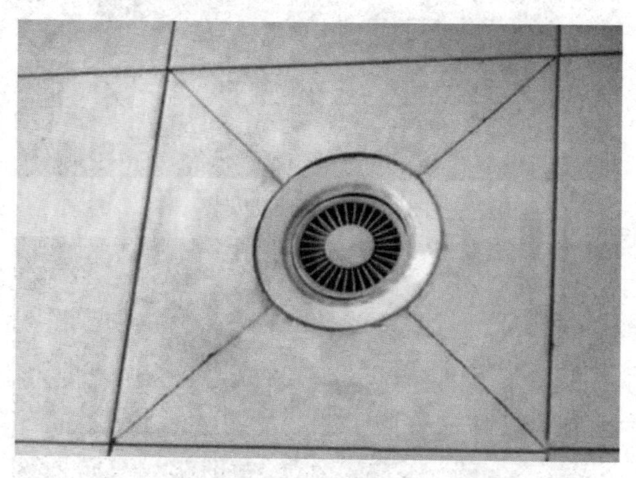

图 5.4-5　地漏安装

5. 洗脸盆安装

（1）采用托架式安装时，脸盆支架安装应牢固平正，安装高度应符合规范要求。

（2）暗装敷设的冷热水管道甩头应按选定脸盆的样本尺寸施工。

（3）冷热水管道安装时，水平管道中热水管应在冷水管的上方，垂直管道及接脸盆水嘴时热水管应在冷水管的左侧安装。

（4）台面式洗脸盆安装时，大理石板开洞的形状、尺寸、接冷热水嘴或混合水嘴开板洞的位置均应符合选定洗脸盆的产品样本尺寸要求加工。盆边与板间缝隙应打玻璃胶密封。冷热水管上的角阀应在同一标高上，脸盆溢水槽应通畅。

（5）柱式脸盆因冷热水与污水管均为暗装在柱体内。要求接头严密，柱脚与地面接触良好。见图 5.4-6、图 5.4-7。

图 5.4-6 洗脸盆安装

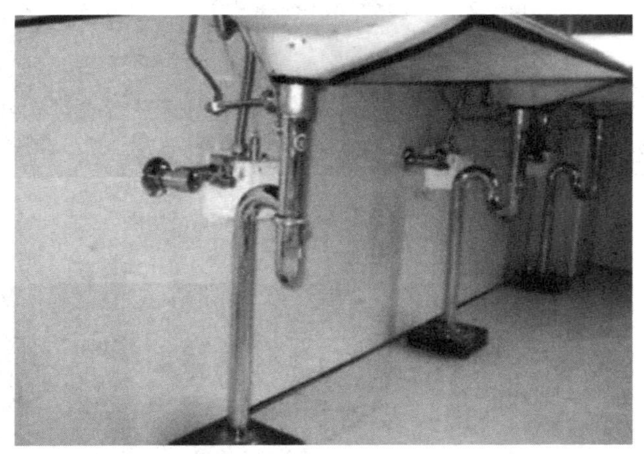

图 5.4-7 洗脸盆排水管设置

6. 排水管与地砖收口处用大理石处理；等电位接地牢固可靠。

5.5 消防器材安装

1. 外门边采用装饰材料包边，提高了观感质量，箱体标识清晰齐全。见图 5.5-1。

图 5.5-1 墙面消火栓箱

2. 成排水泵接合器安装

(1) 水泵接合器接口距地面 700mm，成排安装时要求排列整齐、标高一致。

(2) 油漆应均匀光亮，接合器用途、类别标识清晰。见图 5.5-2、图 5.5-3。

图 5.5-2 成排水泵接合器安装（一）

图 5.5-3 成排水泵接合器安装（二）

3. 报警阀组安装

(1) 报警阀组安装应排列整齐、标高一致，支架设置合理美观；报警阀组控制的系统部位要标识清楚明白。

(2) 报警阀后应加设一个旁路，设置控制阀，流量计和压力表，用来检测报警阀的过流情况。

(3) 压力表、试验阀、水源控制阀安装在便于操作的部位。见图 5.5-4、图 5.5-5。

图 5.5-4　报警阀组安装（一）

图 5.5-5　报警阀组安装（二）

5.6 设 备 安 装

1. 布置合理，标识清楚。见图 5.6-1。

图 5.6-1　板式换热器及管道安装

2. 水泵安装

（1）水泵安装前必须对水泵基础的高度、尺寸及表面平整度进行复核。水泵安装时避免承受外力，安装后必须进行对中调整和水平调整。

（2）水泵安装所使用的减振机构必须满足设计及规范要求。左图水泵安装采用橡胶减振垫减振；右图水泵安装采用减振台座减振，台座底部安装阻尼式减振器。当安装大型水泵或水泵减振有严格要求的时候，不建议使用橡胶减振垫。

（3）水泵应排布整齐、间距均匀，动力线软管长度小于 800mm。水泵基础四周设置排水沟，做到有组织排水。见图 5.6-2、图 5.6-3。

图 5.6-2　水泵安装（一）

图 5.6-3　水泵安装（二）

3. 水箱四周应有不小于 500mm 的检修空间，水箱顶面至屋顶有不小于 400mm 的空间。见图 5.6-4、图 5.6-5。

4. 冷却塔安装

（1）安装保持水平，同时基础螺栓与水盘支脚必须锁紧结合。

（2）安装位置必须通风良好。

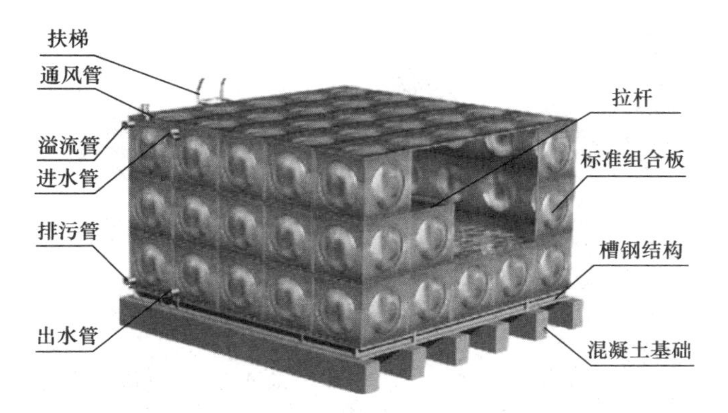

图 5.6-4 不锈钢水箱安装（一）

图 5.6-5 不锈钢水箱安装（二）

（3）排气口和障碍物间的距离应为 5m 以上。见图 5.6-6、图 5.6-7。

5. 锅炉安装

（1）锅炉安装应符合设计及规范要求，布置合理美观。

图 5.6-6 冷却塔安装（一）

图 5.6-7 冷却塔安装（二）

（2）锅炉系统补给水箱应该安装在系统最高点，且安装高度应高于系统回水干管最高点 1.5～3m。

（3）锅炉之间的间距不小于 1m，方便操作、检修。见图 5.6-8、图 5.6-9。

图 5.6-8 锅炉安装（一）

图 5.6-9 锅炉安装（二）

6. 冷水机组安装

(1) 设备安装前基础必须找平。

(2) 设备与基础之间应加装减震装置。

(3) 机组间的距离应保持间距 1.0～1.5m。见图 5.6-10。

图 5.6-10 冷水机组安装

第六章　通风与空调

6.1　风管制作与安装

1. 风管法兰螺栓长度、方向一致，排布均匀。见图 6.1-1。

图 6.1-1　风管法兰安装

2. 风管加固和支架安装

（1）矩形风管边长大于或等于 630mm 和保温风管边长大于或等于 800mm，其管段长度大于 1200mm 时，均应采取加固措施。

（2）对边长小于或等于 800mm 的风管，宜采用楞筋、楞线的方法加固。

（3）当中压和高压风管的管段长度大于 1200mm 时，应采用加固框的方法加固。

（4）风管转弯处增设支架进行支撑。见图 6.1-2、图 6.1-3。

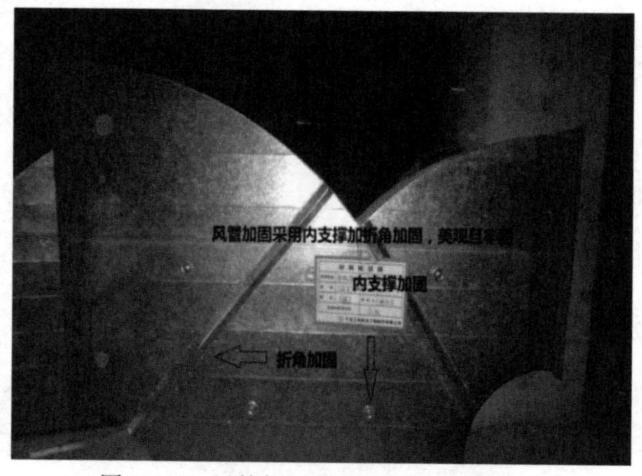

图 6.1-2　风管加固和支架安装形式（一）

图 6.1-3 风管加固和支架安装形式（二）

3. 风管安装

（1）风管表面安装平整，弯头转角过渡流畅。

（2）矩形风管平面边长大于 500mm 时，必须设置弯管导流叶片。

（3）导流叶片的迎风侧边缘应圆滑，固定应牢固。导流片的弧度应与弯管的角度相一致。见图 6.1-4。

图 6.1-4 风管安装

4. 风管支、吊架的安装应符合下列规定：

（1）风管水平安装，直径或长边尺寸小于等于 400mm，间距不应大于 4m；大于 400mm，不应大于 3m。螺旋风管的支、吊架间距可分别延长至 5m 和 3.75m；对于薄钢板法兰的风管，其支、吊架间距不应大于 3m。

（2）风管垂直安装，间距不应大于 4m，单根直管至少应有 2 个固定点。

（3）风管支、吊架宜按国标图集与规范选用强度和刚度相适应的形式和规格。对于直径或边长大于 2500mm 的超宽、超重等特殊风管的支、吊架应按设计规定。

（4）支、吊架不宜设置在风口、阀门、检查门及自控机构处，离风口或插接管的距离不宜小于 200mm。见图 6.1-5、图 6.1-6。

图 6.1-5　风管水平安装

图 6.1-6　风管竖直安装

5. 风管制作安装

（1）制作风管时画线、下料准确。风管与配件的咬口缝应紧密、宽度应一致；折角应平直，圆弧应均匀；两端面平行，风管无明显扭曲与翘角。

（2）风管支吊架安装应牢固可靠、位置正确。支架间距符合规范。并在指定位置处增设防晃支架。

（3）风管组配一般顺序是先干管，后支管。立管的安装一般是由下向上安装。安装就位后进行找平，找正，达到设计规的要求。

（4）风管安装完毕后进行风管的漏光检测及漏风量测试，验收合格后着重成品保护。见图 6.1-7、图 6.1-8。

6. 屋面风管安装

（1）通风机风口安装向下弯头，可防止雨水进入系统，侵蚀风机。

（2）屋面风管支架根部增设混凝土支墩，形式合理美观，地面受力也更为均匀。

（3）支架和风管颜色保持一致，和谐统一。见图 6.1-9。

图 6.1-7 风管制作安装（一）

图 6.1-8 风管制作安装（二）

图 6.1-9 屋面风管安装

7. 为防止风管晃动，在水平方向安装的风管长度不超过 20m 应设置固定支架。见图 6.1-10。

图 6.1-10　地下室风管水平安装

8. 正压送风管安装

(1) 防火阀单独设置支架，离墙距离不大于 200mm，风管弯头安装过渡自然。见图 6.1-11。

图 6.1-11　正压送风管安装

(2) 风管类别，风向标识清楚。

9. 风管穿墙设置

(1) 风管穿墙须设套管，套管采用 1.6mm 钢板制作。

(2) 套管与风管之间采用防火材料进行封堵，封堵应密实方正。见图 6.1-12。

图 6.1-12 风管穿墙防火封堵

6.2 风口风阀安装

1. 防火阀安装

(1) 防火阀直径或边长尺寸大于等于 630mm 时，宜设独立支吊架。排烟阀（排烟口）及手控装置（包括预埋套管）的位置应符合设计要求。

(2) 防火阀、排烟阀（口）的安装方向、位置应正确。防火分区隔墙两侧的防火阀，距墙表面不应大于 200mm。见图 6.2-1～图 6.2-3。

图 6.2-1 屋面风口安装

2. 走廊风口安装

(1) 风口与装饰面相紧贴，风口表面应平整，不变形。

(2) 风口收口合理美观，百叶方向统一朝下 45°。

(3) 风口在墙上敷设，安装木框。见图 6.2-4、图 6.2-5。

3. 吊顶风口安装

(1) 为增强整体装饰效果，风口及散流器的安装采用内固定法：从风口侧面用自攻螺钉将其固定在龙骨架或木框上，必要时加设角钢支框。

(2) 风口在室内保证整齐，室内安装的同类型风口对称分布。见图 6.2-6。

图 6.2-2 防火阀安装（一）

图 6.2-3 防火阀安装（二）

图 6.2-4 屋面风口安装

图 6.2-5 走廊风口安装

图 6.2-6 吊顶风口安装

4. 散流器安装

(1) 散流器的活动零件，要求动作自如、阻尼均匀，无卡死和松动。

(2) 散流器外表装饰面应平整、扩散环分布应匀称、颜色应一致、无明显的划伤和压痕。见图 6.2-7。

图 6.2-7 散流器安装

6.3 设 备 安 装

1. 成排风机安装

(1) 吊装风机安装前必须复核安装标高和部位；采用减振吊架安装，吊架结构应正确牢固、布置合理，风机应安装平正。隐蔽在吊顶内的风机，一定要预留检修空间。

(2) 风机与风管采用软连接（柔性材料且不燃烧），长度不宜小于200mm、管径与风机进出口尺寸相同。为保证软接在系统运转过程中不出现扭曲变形，安装应松紧适度。见图6.3-1～图6.3-3。

图6.3-1 风机箱采用减振型吊钩安装

图6.3-2 轴流风机安装

2. 风柜与风管连接

(1) 风柜排列均匀、对称。

(2) 风管与风柜连接整齐划一。见图6.3-4。

3. 屋面风机安装

(1) 软接平直，长度处于150～300mm之间，与风管对接合理，无错位现场。有利于风机消声、降噪。

(2) 风机支架处增设有弹簧减震器，减轻风机振动。

图 6.3-3 成排风机安装，布局对称、合理美观

图 6.3-4 风柜与风管连接

（3）风机基础水平、坚固，基础高度≥200mm。见图 6.3-5。

图 6.3-5 屋面风机安装

6.4 机械设施安装

1. 机房水泵及管道

(1) 水泵基础高出地面的高度应不小于 0.1m，地面应设排水沟，或排水管。

(2) 水泵机组基础间的净距不宜小于 1.0m，突出部分与墙壁的净距不宜小于 1.2m。

(3) 主要通道宽度不宜小于 1.5m。见图 6.4-1。

图 6.4-1 机房泵组及管道安装

2. 消防水泵排布间距均匀，支架构造正确，设置合理，地面支撑架均设在水泵出口转弯处。见图 6.4-2。

图 6.4-2 消防泵房管道及支架安装

3. 管道排布整齐划一，阀门、压力表安装标高一致。见图 6.4-3。

4. 水泵进水管阀门安装

(1) 水泵进水管采用偏心大小头，上部平齐，可避免产生气囊。

(2) 阀门、过滤器、软接头安装整齐划一，支架位置设置合理，螺栓朝向正确。见图 6.4-4。

图 6.4-3 多台水泵进出水管安装

图 6.4-4 水泵进水口阀门及附件安装

5. 补水泵安装

(1) 生活补水泵安装规范，油漆均匀光亮。

(2) 电机基础应与接地干线可靠连接。

(3) 水泵周围应设排水沟，做到有组织排水。见图 6.4-5。

图 6.4-5 补水泵安装

6. 水处理设备安装

（1）水处理设备标识清楚，设备．管道布置有序规范，阀门标高一致，布置整齐。

（2）管道泄水管正对机房排水沟，机房做到有组织排水。见图 6.4-6。

图 6.4-6　水处理设备及管道安装

7. 水泵编号标识

（1）水泵编号、用途、水流流向应有明显标识，压力表、阀门高度一致，成排布置。

（2）支架结构正确，设置位置合理，排列整齐，颜色协调，提高了机房观感。

（3）设备布置有序规范、排列整齐，油漆色泽明快、布局整洁明亮。见图 6.4-7。

图 6.4-7　水泵编号标识

6.5 防腐保温

1. 屋面冷却塔保温

（1）冷却水管道采用橡塑海绵板保温，保温包扎严密，接口处无缝隙。

（2）保温板材外层用 0.5mm 厚的镀锌钢板做保护外壳，效果精致美观。见图 6.5-1。

图 6.5-1　屋面冷却塔管道保温

2. 保温管道金属保护壳在管道转弯处采用虾背弯形式，制作工艺精致，搭接处均有凸棱，成型美观。见图 6.5-2、图 6.5-3。

图 6.5-2　保温管道金属保护壳（一）

图 6.5-3　保温管道金属保护壳（二）

3. 空调水管道保温严密、橡塑板材外观平滑。见图 6.5-4。

图 6.5-4 管道保温

4. 使用镀锌铁皮，精致美观。见图 6.5-5。

图 6.5-5 管道保温保护层

5. 风管保温

(1) 保温材料层密实，无裂缝、空隙等缺陷，保温钉分布均匀。

(2) 粘结材料均匀地涂在风管、部件和设备的外表面上。

(3) 保温钉：风管侧面、下面 12 只/m^2，上面 9 只/m^2。钉与钉间距不大于 450mm，距风管边缘不大于 75mm。见图 6.5-6。

6. 空调制冷管道保温

(1) 管道系统中的法兰、阀门和其他管道配件，均以与相连管道的保温厚度和规格相同的保温材料进行保温。

(2) 保温层与木托之间密封严密，保温材料之间粘接严密，保温外表平滑而厚度一致，弯头处无裂缝。见图 6.5-7。

图 6.5-6　风管使用铝箔玻璃棉保温

图 6.5-7　空调制冷机房管道保温

第七章 建 筑 电 气

7.1 电气预留预埋

1. 当设计无要求时，接地装置顶面埋设深度不应小于0.6m。圆钢、角钢及钢管接地极应垂直埋入地下，间距不应小于5m。接地装置的焊接应采用搭接焊，搭接长度应符合下列规定：

① 扁钢与扁钢搭接为扁钢宽度的2倍，不少于三面施焊。

② 圆钢与圆钢搭接为圆钢直径的6倍，双面施焊。

③ 圆钢与扁钢搭接为圆钢直径的6倍，双面施焊。

④ 扁钢与钢管，扁钢与角钢焊接，紧贴角钢外侧两面。或紧贴3/4钢管表面，上下两侧施焊。

⑤ 除埋设在混凝土中的焊接接头外，都应有防腐措施。见图7.1-1。

图7.1-1 接地扁钢焊接

2. 防雷引下线的端头切口应平整光滑，暗敷在建筑物抹灰层内的引下线应有卡钉分段固定；明敷的引下线应平直、无急弯，与支架焊接处，油漆防腐，且无遗漏。见图7.1-2。

3. 焊接钢管内外壁应防腐处理；埋设于混凝土内的导管内壁应防腐处理，外壁可不做防腐处理。接线盒采用4个钉子固定，固定要稳固。线盒内部做防腐处理，用锯末或泡沫填实，并用胶带进行封堵，防止浇筑混凝土时，水泥砂浆进入线盒。见图7.1-3、图7.1-4。

图 7.1-2 防雷引下线焊接，焊接长度符合规范

图 7.1-3 电管与电管，电管与线盒利用圆钢跨接，跨接形式符合要求

图 7.1-4 线盒用铁丝绑扎固定

4. 当非镀锌钢导管采用螺纹连接时，连接处的两端焊跨接接地线；当镀锌钢导管采用螺纹连接时，连接处的两端用专用接地卡固定跨接接地线，一般采用 BVR－4mm^2 的软铜线，两端涮锡。见图 7.1-5、图 7.1-6。

图 7.1-5　预埋线盒、线管的接地跨接线安装及其固定方式

图 7.1-6　选用带固定耳朵线盒，保证与模板固定牢固

5. 墙体成排线盒预埋

（1）安装前放线，确保线盒标高一致、间距一致。

（2）线盒封堵保护。

（3）接线箱、盒埋设深度与建筑物、构筑物表面的距离不应小于 15mm，不宜超过 25mm。见图 7.1-7。

6. 预埋线管出口距混凝土面 150mm 为宜，防止施工中碰弯撞折。见图 7.1-8、图 7.1-9。

7. 线管预留预埋

（1）暗配管宜沿最近路线敷设，尽量减少弯曲和交叉，一般弯曲半径不小于管外径的 6 倍，埋设于地下或混凝土楼板内时弯曲半径不小于管外径的 10 倍，且弯曲后无裂缝、凹瘪或明显折皱，弯扁程度不大于管外径的 10%。

图 7.1-7 墙体成排线盒预埋

图 7.1-8 线管垂直排列整齐

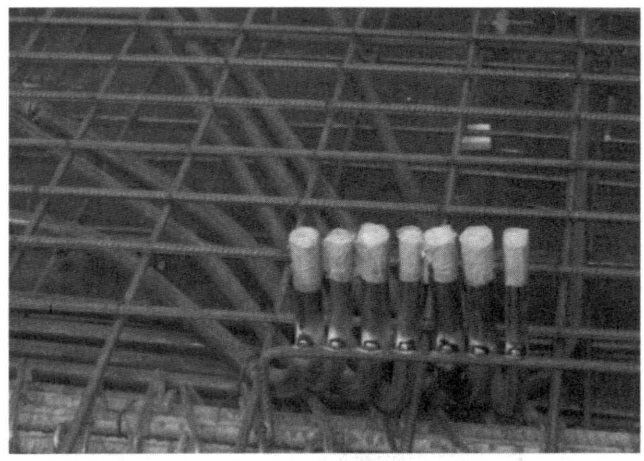

图 7.1-9 成排电管排列整齐

(2) 暗配线管敷设长度超过下列规定时，中间应设分线盒或拉线盒，且管内应预穿铅丝引线，如无法增加分线盒或过路盒时，可适当放大管径来解决：①管子长度每超过 45m，无弯曲时；②管子长度每超过 30m，有一个弯曲时；③管子长度每超过 20m，有两个弯曲时；④管子长度每超过 12m，有三个弯曲时。见图 7.1-10、图 7.1-11。

图 7.1-10　暗埋线管走向整齐划一

图 7.1-11　预埋线管煨弯一致、美观

8. 电缆进线套管制作

(1) 必须使用热镀锌钢管进行加工。

(2) 套管口刷漆防腐。见图 7.1-12。

图 7.1-12　电缆进线套管制作

7.2 支架制作与安装

1. 桥架支架安装

(1) 支架倒角打磨处理。

(2) 支架与螺帽间加设垫片。

(3) 螺帽下端丝杆外露 2～3 丝。

(4) 支架与桥架之间用圆头螺栓固定。见图 7.2-1。

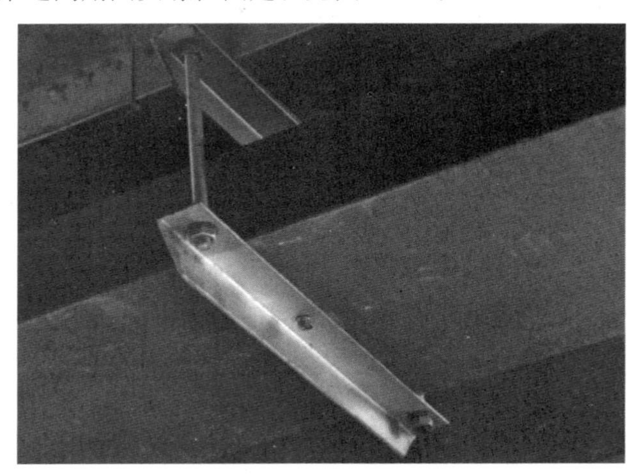

图 7.2-1 双层桥架支架安装

7.3 电气配管安装

1. 电线管在转弯处统一设置过路盒，且接地连接可靠。见图 7.3-1。

图 7.3-1 成排电线管安装

2. 暗配的导管，埋设深度与建筑物、构筑物表面的距离不应小于 15mm；电缆导管的弯曲半径不应小于电缆最小允许弯曲半径；当绝缘导管在砌体上剔槽埋设时，应采用强度等级不小于 M10 的水泥砂浆抹面保护，保护层厚度大于 15mm。见图 7.3-2、图 7.3-3。

图 7.3-2　轻钢龙骨配管整齐划一

图 7.3-3　后砌墙剔槽配管

3. 镀锌的钢导管、可挠性导管和金属线槽不得熔焊跨接接地线，以专用接地卡跨接的两卡间连线为铜芯软导线，截面积不小于 $4mm^2$。见图 7.3-4。

4. 线管与配电箱连接

（1）室内进入落地式柜、台、箱、盘内的导管管口，应高出柜、台、箱、盘的基础面 50～80mm。

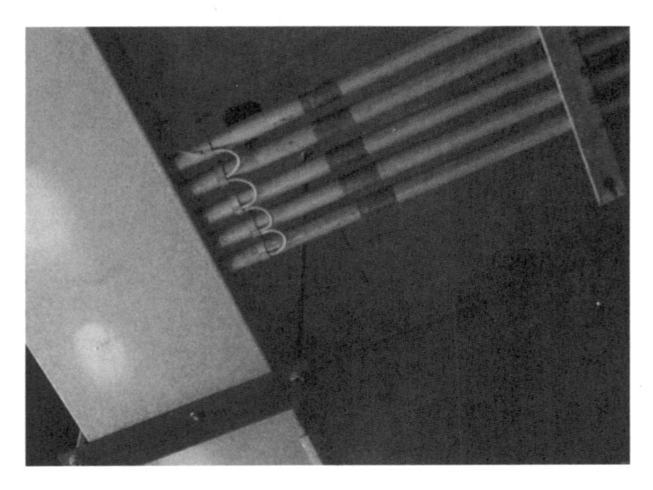

图 7.3-4 桥架与成排电管连接方式

（2）在终端、弯头中点或柜、台、箱、盘等边缘的距离 150～500mm 范围内设有管卡，中间直线段管卡间的最大距离应符合规定。见图 7.3-5。

图 7.3-5 线管与配电箱连接

5. 轻钢龙骨上线盒与线管安装

（1）线盒与线管安装排布整齐，与轻钢龙骨固定牢固。见图 7.3-6。

（2）线管与线盒连接紧固。

6. 电线管超过下列长度时，中间加装接线盒或拉线盒，其位置便于穿线：

（1）管子长度每超过 30m，无弯曲。

（2）管子长度每超过 20m，有一个弯曲。

（3）管子长度每超过 15m，有两个弯曲。

（4）管子长度每超过 8m，有三个弯曲。见图 7.3-7、图 7.3-8。

7. 明配的导管应排列整齐，煨弯一致，固定点间距均匀，安装牢固。见图 7.3-9、图 7.3-11。

图 7.3-6　轻钢龙骨上线盒与线管安装

图 7.3-7　电线管明敷（一）

图 7.3-8　电线管明敷（二）

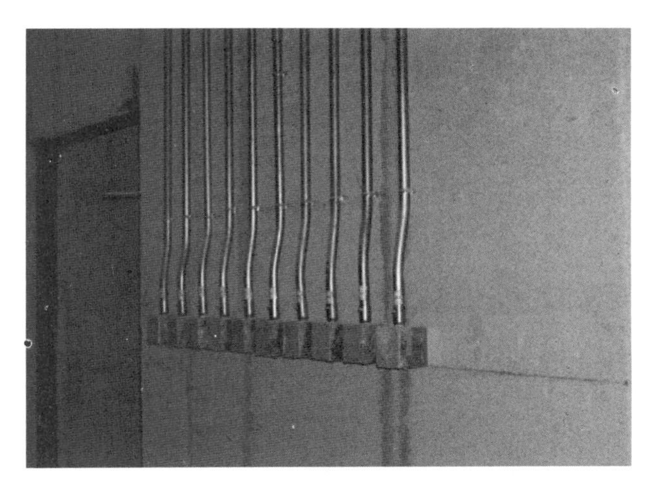

图 7.3-9 明配导管（一）

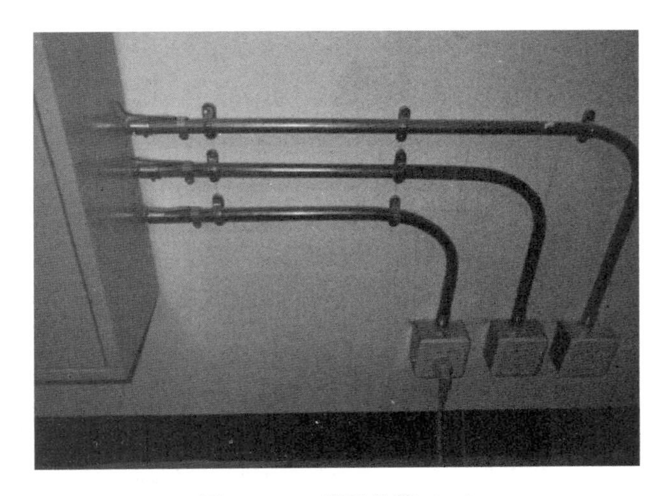

图 7.3-10 明配导管（二）

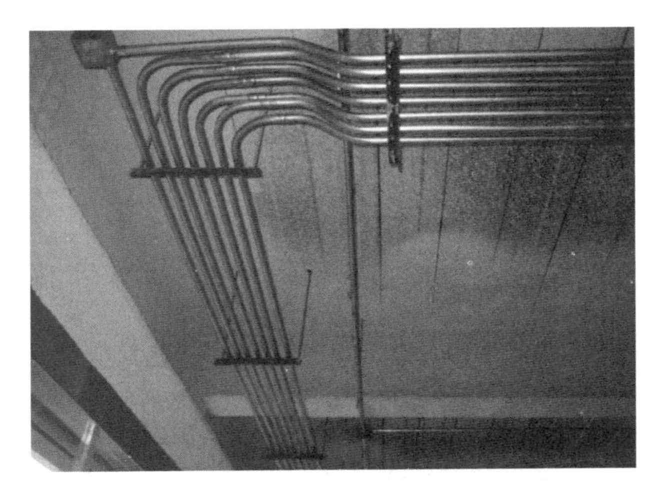

图 7.3-11 明配导管（三）

7.4　开关插座安装

1. 线盒排列成行、标高一致、整齐美观。见图 7.4-1。

图 7.4-1　墙面线盒埋设

2. 间距统一，开启位置一致。见图 7.4-2。

图 7.4-2　成排地面插座安装

3. 标高一致，平整牢固。见图 7.4-3。

图 7.4-3　成排开关安装

7.5 桥架、母线安装

1. 当设计无要求时，电缆桥架水平安装的支架间距为1.5～3m；垂直安装的支架间距不大于2m。见图7.5-1。

图7.5-1 桥架水平安装

2. 电缆桥架多层安装时，控制电缆间不小于0.2m，电力电缆间不小于0.3m，弱电电缆与电力电缆间不小于0.5m，如有屏蔽盖可减少到0.3m，桥架上部距顶棚或其他障碍不小于0.3m。不同电压不同用途的电缆不宜敷设在同一层桥架内如果条件限制敷设在同一层桥架内，中间需加隔板。见图7.5-2、图7.5-3。

图7.5-2 多层桥架安装（一）

3. 防火封堵应密实方正，封堵收口精细美观，桥架油漆光亮，电井环境整洁。见图7.5-4、图7.5-5。

4. 防火泥封堵，密实方正。见图7.5-6、图7.5-7。

5. 母线安装

（1）母线安装平直。母线的支架与预埋铁件采用焊接固定时，焊缝应饱满；采用膨胀螺栓固定时，选用的螺栓应适配，连接应牢固。

图 7.5-3　多层桥架安装（二）

图 7.5-4　桥架顶板防火封堵

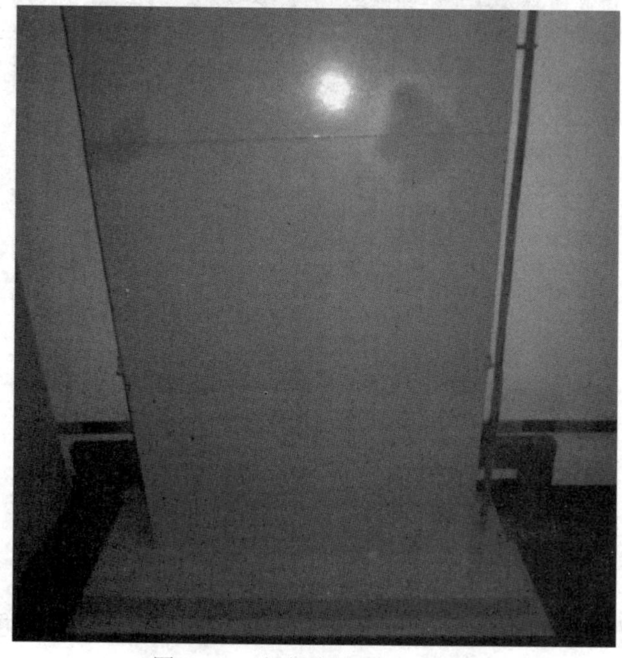

图 7.5-5　桥架穿楼板防火封堵

图 7.5-6 母线穿越防火墙

图 7.5-7 母线穿楼板

（2）绝缘子的底座、套管的法兰、保护网（罩）及母线支架等可接近裸露导体应接地（PE）或接零（PEN）可靠。不应作为接地（PE）或接零（PEN）的接续导体。见图 7.5-8、图 7.5-9。

图 7.5-8 母线安装（一）

图 7.5-9 母线安装（二）

6. 直接与配电柜连接，规范美观。接地跨接采用编织铜带，固定牢固，接地可靠。见图 7.5-10。

图 7.5-10 水平桥架通过梯形桥架过渡到垂直桥架

7.6 配电箱、柜安装及配线敷设

1. 柜、屏、台、箱、盘的金属框架及基础型钢必须接地（PE）或接零（PEN）可靠；装有电器的可开启门，门和框架的接地端子间应用裸编织铜线连接，且有标识。见图 7.6-1。

2. 配、屏、台、箱、盘安装垂直度允许偏差为 1.5‰，相互间接缝不应大于 2mm，成列盘面偏差不应大于 5mm。见图 7.6-2、图 7.6-3。

3. 箱（盘）内配线整齐，无铰接现象。导线连接紧密，不伤芯线，不断股。垫圈下螺丝两侧压的导线截面积相同，同一端子上导线连接不多于两根，防松垫圈等零件齐全。见图 7.6-4、图 7.6-5。

图 7.6-1　成排配电柜安装排列整齐

图 7.6-2　配电柜安装

图 7.6-3　表箱安装

图 7.6-4　箱内配线

图 7.6-5　配电柜电缆排布

4. 配电箱安装

（1）控制开关及保护装置的规格、型号符合设计要求。

（2）闭锁装置动作准确、可靠。

（3）主开关的辅助开关切换动作与主开关动作一致。

（4）柜、屏、台、箱、盘上的标识器件标明被控设备编号及名称，或操作位置，接线端子有编号，且清晰、工整、不易脱色。

（5）回路中的电子元件不应参加交流工频耐压试验；48V 及以下回路可不做交流工频耐压试验。见图 7.6-6。

图 7.6-6　配电箱各回路配电箱各回路标识明显，空开安装紧密

5. 电缆敷设应整齐、美观、牢固。严禁有绞拧、铠装压扁、护层断裂和表面严重划伤等缺陷；电缆的首端、末端和分支处应设置标示牌。见图 7.6-7、图 7.6-8。

图 7.6-7　矿物绝缘电缆敷设

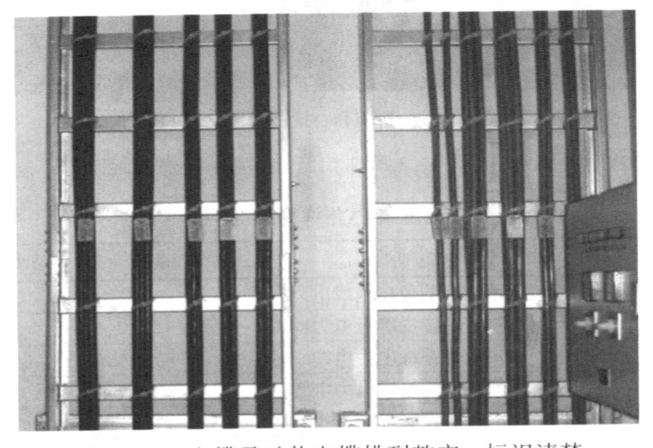

图 7.6-8　电缆及矿物电缆排列整齐，标识清楚

图 7.6-9 电缆桥架转弯处设置（一）

图 7.6-10 电缆桥架转弯处设置（二）

6. 电缆最小允许弯曲半径（见表 7.6-1）

电缆最小允许弯曲半径 表 7.6-1

序号	电缆种类	最小允许弯曲半径
1	无铅包钢铠护套的橡皮绝缘电力电缆	0D
2	有钢铠护套的橡皮绝缘电力电缆	20D
3	聚氯乙烯绝缘电力电缆	10D
4	交联聚氯乙烯绝缘电力电缆	15D
5	多芯控制电缆	10D

注：D 为电缆外径。

7.7 灯 具 安 装

1. 灯具安装整齐，见图 7.7-1。

图 7.7-1 走廊灯具安装

2. 厂房灯具安装。

(1) 立柱式路灯、落地式路灯、特种园艺灯等灯具与基础固定可靠，地脚螺栓备帽齐全。灯具的接线盒或熔断器盒，盒盖的防水密封垫完整。

(2) 金属立柱及灯具可接近裸露导体接地 (PE) 或接零 (PEN) 可靠。接地线单设干线，干线沿庭院灯布置位置形成环网状，且不少于 2 处与接地装置引出线连接。由干线引出支线与金属灯柱及灯具的接地端子连接，且有标识。见图 7.7-2。

图 7.7-2 厂房灯具安装

3. 航空障碍标志灯安装应符合下列规定：

(1) 灯具装设在建筑物或构筑物的最高部位。当最高部位平面面积较大或为建筑群时，除在最高端装设外，还在其外侧转角的顶端分别装设灯具。

（2）当灯具在烟囱顶上装设时，安装在低于烟囱口 1.5～3m 的部位且呈正三角形水平排列。

（3）灯具的选型根据安装高度决定；低光强的（距地面 60m 以下装设时采用）为红色光，其有效光强大于 1600cd。高光强的（距地面 150m 以上装设时采用）为白色光，有效光强随背景亮度而定。

（4）灯具的电源按主体建筑中最高负荷等级要求供电。

（5）灯具安装牢固可靠，且设置维修和更换光源的措施。见图 7.7-3。

图 7.7-3　屋面航空障碍灯安装，灯架加设避雷针

7.8　防 雷 接 地

1. 人工接地装置或利用建筑物基础钢筋的接地装置必须在地面以上按设计要求位置设测试点。见图 7.8-1。

图 7.8-1　接地测试点标识

2. 镀锌电缆桥架间连接板不跨接接地线但连接板不少于 2 个有防松螺帽或防松垫圈的连接固定螺栓。见图 7.8-2～图 7.8-4。

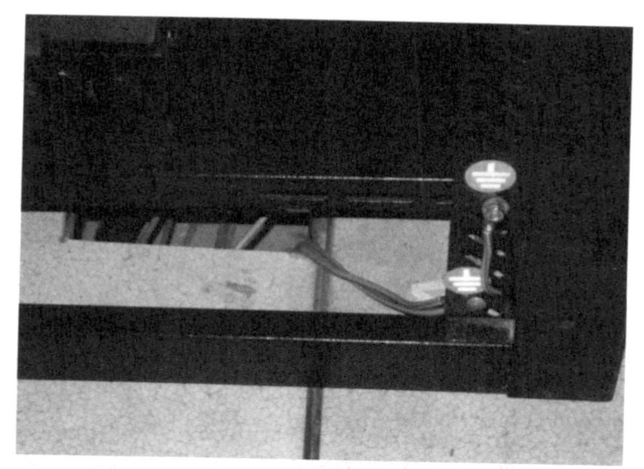

图 7.8-2 设备接地牢固，标识清楚

图 7.8-3 桥架末端与配电柜接地连接，标识清楚

图 7.8-4 桥架与桥架、桥架与支架之间跨接

3. 柜、屏、台、箱、盘的金属框架及基础型钢必须接地（PE）或接零（PEN）可靠；装有电器的可开启门，门和框架的接地端子间应用裸编织铜线连接，且有标识。见图 7.8-5、图 7.8-6。

图 7.8-5　橡胶软接头跨接线安装

图 7.8-6　屋面金属门框和金属门等电位连接，标识清楚

4. 设备、型钢基础、设备电源套管与接地扁钢连接，标识清楚。见图 7.8-7、图 7.8-8。

图 7.8-7 屋面透气管接地方式，标识清楚

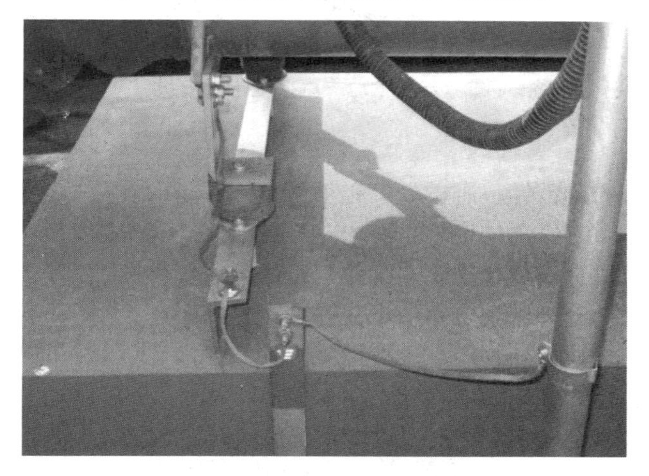

图 7.8-8 屋面设备接地安装

5. 接地干线离墙间距不宜大于 10mm，采用双色相间油漆标识。见图 7.8-9。

图 7.8-9 配电房接地干线敷设

6. 两路桥架安装采用共用支架，同程敷设接地干线，桥架与支架接地可靠。见图 7.8-10。

图 7.8-10　地下室接地干线敷设

7. 避雷带安装

（1）建筑物顶部的避雷针、避雷带等必须与顶部外露的其他金属物体连成一个整体的电气通路，且与避雷引下线连接可靠。

（2）避雷针、避雷带应位置正确，焊接固定的焊缝饱满无遗漏，螺栓固定的应备帽等防松零件齐全，焊接部分补刷的防腐油漆完整。

（3）避雷带应平正顺直，固定点支持件间距均匀、固定可靠。每个支持件应能承受大于 49N（5kg）的垂直拉力。见图 7.8-11、图 7.8-12。

图 7.8-11　屋顶避雷带弹线施工，支架间距排列均匀

8. 建筑物等电位联结干线应从与接地装置有不少于 2 处直接连接的接地干线或总等电位箱引出，等电位联结干线或局部等电位箱间的连接线形成环形网路，环形网路应就近与等电位联结干线或局部等电位箱连接，支线间不应串联。见图 7.8-13。

图 7.8-12 避雷带穿伸缩缝，采用弯过渡处理

图 7.8-13 等电位箱安装正确，箱内配置齐全